47の素敵な日本酒

AKB48大西桃香

はじめに

ＡＫＢ48の大西桃香です。

私は普段、アイドルや女優として活動をしています。まさか自分がエッセイを連載するなんて、しかも書籍化させていただけるなんて、夢にも思いませんでした！　言葉にするのが苦手で、それを文章にするのはもっと苦手なのですが、こんなにも素敵な機会をいただけてとっても嬉しいです。

このエッセイのテーマは「日本酒」です！

確かに私はお酒が好きなのですが、お酒について詳しいかというと、実はそうではありません。ですが以前、日本酒をプロデュースさせていただいたことをきっかけに、興味を持ち始めました。私は奈良市観光大使も務めていて、その活動の一環として奈良県の梅乃宿酒造さんとコラボさせていただいたのです。

せっかくプロデュースするからには日本酒に少しでも詳しくなりたくて、実際に酒蔵を見学させていただきました。また蔵元（酒蔵の経営者の方）に直接お話をお伺いする機会もあったのですが、まだ何も知らない私に丁寧に教えてくださいました。知れば知るほど、更に日本酒に魅力を感じる自分がいました。

エッセイのタイトルは、「47の素敵な日本酒」としました。

私が所属していたAKB48 チーム8は47の都道府県代表が集まっていて、各都道府県でライブさせていただいたこともあります。そんな思い出も交えて、47都道府県のお酒を順番にご紹介します。私自身、日本酒をプロデュースするまで自分の地元の奈良県や日本各地に、どれだけたくさんの酒蔵さんがあるかなんて考えたこともありませんでした。

日本は綺麗なお水に恵まれていることもあり、各地域にたくさんの酒蔵さんがあります。日本酒を通して、その地域ならではの発見を皆様と一緒にしていけたらと思います。

そして様々な酒蔵さんそれぞれの思いがこもった日本酒を、皆様に知っていただき、好きになってもらえたら嬉しいです。日本酒の色々な飲み方や、それに合うおつまみなどもご紹介できたらと思っています！　考えただけでワクワクしますね。

このエッセイを読んでくださる皆様と一緒に、私自身も学んでいければと思っています。よろしくお願いいたします！

大西桃香

INDEX

◎兵庫県

（櫻正宗）

≫華やかで飲みやすく、お祝いにおすすめ！

皆様、新年おめでとうございます。

２０２２年、寅年です！

去年は、目の前にあることを自分なりに、一生懸命必死に走り抜けた１年だったと思います。今年は、頑張るのはもちろん、一つ一つ丁寧に、しっかりと自分の力にしていける１年にできたらいいなと思います！

ということで、記念すべきエッセイ第１回は、兵庫県！

兵庫県は日本酒生産量が日本一で、全国の３分の１を生産している主産地だそうです！　１回目にふさわしいですね。

兵庫県はですね、幼い頃によく行っていた記憶があります。

明石海峡大橋が見える、舞子浜という海に毎年海水浴に行っていました。

私の父は海が大好きで、一度の夏に５、６回も連れていってくれたことも！　ちょっと多いですよね（笑）。

家族４人で車に乗って出掛けていたのですが、その時は大体決まってＴＵＢＥさんの『あー夏休み』を聴きながらドライブをしていました。

24年間生きてきて、夏の思い出や、印象深い夏の出来事は？　と聞かれると、そのことを思い浮かべます。

ＡＫＢ48のメンバーの中に兵庫県出身の子がいて仲良くさせてもらっていて、実家にお泊まりに行ったこともあります。その時は明石焼を食べたり、姫路城を見たりしました。近くでお祭りをやっていたので一緒に歩いて回った思い出もあるなあ。

さて、今回飲んでみた日本酒は櫻正宗さんの「櫻正宗 金稀 純米大吟醸 四〇」です。

華やかな桃色の花びらと金色の掛け紙で、見た目からおめでたい感じです。まさしくお祝いごとやお正月にぴったりですね！　見ているだけでも気持ちが明るくなります。

櫻正宗さんは１６２５年から、今の伊丹市で酒造りを始め、現在神戸の灘で創醸約４００年の灘本流の酒蔵です。全国に〇〇正宗と付く酒蔵が数多くありますが、櫻正宗さんは酒銘に正宗を付けた元祖蔵なんだそうです！

まずは香りから。口元に近づけた時に果実酒かのような、フルーティな甘い香りがしました。私はまだあまりたくさんの種類の日本酒を飲んだことが

兵庫県「櫻正宗」

ないのですが、日本酒にもこんなに甘い香りのするお酒があるんだ、って驚きました。

そして実際に飲んでみても甘かったです。お米の味も結構残っている印象でした。でも調べてみると、このお酒は甘口じゃなくて中口なんだそう。中口って初めて聞きました！　日本酒独特のツンとする感じがしなくて、でも口の中には甘さが残る味わい。初めての感覚です。

今回は常温でいただきましたが、とっても飲みやすかったです。私は熱燗でも飲んでみたいなって思いました。ちなみに櫻正宗さんのおすすめは花冷えから常温だそうです。

「花冷え」とは、日本酒を冷やした飲み方のひとつで、約10度で冷涼感を楽しむものです。

実は日本酒には何段階もの温度調節があり、そのお酒に合った温度がそれぞれに存在するようです。冷たい順に、雪冷え（5度）、花冷え（10度）、涼冷え（15度）、常温（20度）、人肌燗（35度）、ぬる燗（40度）、上燗（45度）、熱燗（50度）。更に55度を超えると、飛び切り燗と呼ぶそうです！

こんなに様々な温度での飲み方があったんですね！　初めて知りました。温度の呼び名も、ただ数字で表現されるよりも素敵に感じます。

今ひらめいたのですが、このお酒なら洋菓子に合わせてもおいしくいただけそう！　パウンドケーキとか。新しくないですか!?　今度試してみたいです。

このエッセイでは、日本酒と合う食べ物の研究も行っていきますので、読んでくださっている皆様も是非一緒に試してもらえると嬉しいです。

大西さんの朗読動画はこちら☞

日本酒DATA #1

都道府県：兵庫県

酒　　蔵：櫻正宗（さくらまさむね）

酒　　名：櫻正宗 金稀 純米大吟醸 四〇（さくらまさむね きんまれ じゅんまいだいぎんじょう よんじゅう）

酒　　質：純米大吟醸

使 用 米：兵庫県産山田錦

精米歩合：40%

アルコ　ル度数：15度

◎福島県（大七）

≫まるで雪解けみたいなさっぱり感

新年が明けて少し時間が経ちましたが、皆様いかがお過ごしでしょうか。ゆっくり休めましたか？　ゆっくりできた方も、新年早々から働いている方も、お疲れ様です。

エッセイ第2回は福島県です。

福島県といえば、桃のイメージが強いです。調べてみたら、桃の生産量が全国で2位みたいです。桃、大好きだから、福島県に行って食べたいなあ。

そういえば、日本酒に果物を入れて飲むのもおいしいんですよね。

私は2023年4月まで、AKB48チーム8に所属していたのですが、チーム8は「会いに行くアイドル」をコンセプトにしたチームで、全国47都道府県で開催された「AKB48 Team8 全国一斉オーディション」によって、各都道府県から一人ずつ選出されたメンバーで構成されていました。

2014年から47都道府県をまわる全国ツアーをしていて、2021年の5月に全て回りきったのですが、そのツアーで福島県に行ったことがあります！

当時の福島県代表のメンバーはすごく色気のある子で、その子に似合う曲でセットリストが構成されていて、そのツアーはセクシー系の曲が多くて。私もセクシーな曲をやる気満々だったのですが、結局はAKB48の『ほねほねワルツ』という楽曲をユニットでやった思い出があります。

あの、もしよかったら調べて映像を見てやってください（笑）。

さて、今回飲んでみた日本酒は大七さんの「大七 頌歌」です。

生《き》酛《もと》造《づく》りで定評のある蔵元の、生酛造りによる純米大吟醸だそうです。

生酛とは、日本酒の製法用語の一つで、現存する酒造りの技法の中でもっとも伝統的な造り方のこと。昔ながらの手作業で酒母を作り上げるなど、通常の酒造りの3倍の時間をかけて行われます。ゆっくりと熟成されることで生まれる旨みと、豊かな香りが特徴なんだとか。

おちょこに注いで口元に近づけると甘い香りがして、今回のも甘いのかな？　と思い飲んでみると、前回ご紹介させていただいた櫻正宗さんの「櫻正宗 金稀 純米大吟醸 四〇」の甘さと

福島県「大七」

は違う、甘いけどとってもさっぱりとした味でした。口に含んだ瞬間、まるで雪解けのような。

日本酒のアルコール感があまりなく、とても飲みやすいというか、飲めちゃうというか。気づいたら、結構進んでました（笑）。

私は結構お酒が強い方だと周りからは言われます！　飲み続けてもそんなに変化はないので、おうちで一人で飲んでいるとついつい……。

このお酒には、桃とか入れてみたいなあ。デザートっぽく、食後に日本酒をいただくのもいいかも！

冷やした桃をつぶしたりすり下ろしたりして。果肉が喉を通り過ぎる感覚を楽しみながら、ゴクゴクと……！

うん、絶対おいしい！

大西さんの朗読動画はこちら

日本酒 DATA #2

都道府県：福島県
酒　　蔵：大七酒造（だいしちしゅぞう）
酒　　名：大七 頌歌（だいしち しょうか）
酒　　質：純米大吟醸・雫酒
使 用 米：山田錦
精米歩合：50%（超扁平精米）
アルコール度数：16度

◎佐賀県（七田）

≫無濾過だからこそのフレッシュな純米大吟醸！

皆様、暦の上では春となりましたがまだまだ寒い日が続いていますね。いかがお過ごしでしょうか。

2月にはバレンタインデーがありますね！　皆様は誰かにチョコレートをあげたり、もらったり、しましたか？

私は昔から人に何かをプレゼントするのが大好きなので毎年バレンタインデーになると、クラスのお友達に手作りチョコを配給かのように配っていました。ただお菓子作りって難しくて、その当時、チョコを溶かして生クリームを入れて混ぜて固めるだけの生チョコを作るのにも苦戦して。

一生懸命作った生チョコが土手の岩みたいなものになってしまって……（笑）。お友達に渡せなくなってしまったチョコを、母と兄が全部食べてくれた思い出があります。

エッセイ第3回は、佐賀県です。

私はAKB48チーム8に2014年に加入したのですが、その年の9月にイベントで佐賀県に行きました。私の誕生日が9月なので、イベント終わりにAKB48のスタッフさんがケーキを用意して、お祝いしてくださいました。

ケーキには自分の顔がプリントされたチョコが載っていて、そんなすごいデコレーションケーキをもらったことがなかった私は「AKB48ってすごいんだなあ……」と感動したことが印象に残っています。

さて、今回飲んでみた日本酒は「七田　純米大吟醸」です。

醸造元の天山酒造さんは佐賀県小城市にあり、酒蔵の前には川が流れていて、なんと全国有数のゲンジボタルの里なんだとか！　ホタルが集まるということはとても綺麗な川なんだろうなぁ……。まさにお酒造りに適した場所なんですね！

天山酒造さんは、国内外から高い評価を得ていて、2017年のKura Master（フランス国内のソムリエによる日本酒のコンペティション）で初代プレジデント賞を受賞した蔵。2022年3月から5月まで、ANA国際線ビジネスクラスの機内酒としても出されていたそうです。世界に羽ばたく純米大吟醸！

お空の旅をしながら飛行機で飲む日

佐賀県「七田」

本酒は、また格別なんだろうな〜。体験してみたい!!

　おちょこに注いで口元に近づけると、スッとお花のような上品な甘い香りがしました。

　飲んでみると、甘い香りとは裏腹に、とっても濃厚。今まで私が飲んだ日本酒の中では珍しいぐらい味がしっかりしているし、飲み応えがある印象です。

　気になって調べてみると、この日本酒は「無濾過」なんだとか。

　無濾過とは、日本酒を搾った後に、日本酒の色を透明にし、香味を調整する作業を行わないことだそうです。分かりやすく牛乳で説明すると、牧場で搾ったばかりの生乳ってことです。確かに搾りたての生乳のイメージは、フレッシュとか濃厚って感じがしますよね。

　無濾過だからこその、このしっかりとした味わいなんだろうな。

　この日本酒だと、あっさり・さっぱりしたものを食べながら飲みたいですね。例えば白身魚のお刺身だったり、レモン風味のおつまみとか。

　あ！　佐賀県はイカの活き造りがおいしいってマネージャーさんが言ってました。画像を検索してみると……なんと！　イカが透き通っています！

　透明に透き通ったイカにレモンとお醤油を垂らして片手に日本酒……。想像しただけで幸せな気持ちになります。最高ですね！

日本酒 DATA #3

都道府県：佐賀県

酒　　蔵：天山酒造（てんざんしゅぞう）

酒　　名：七田 純米大吟醸
（しちだ じゅんまいだいぎんじょう）

酒　　質：純米大吟醸

使 用 米：山田錦

精米歩合：45%

アルコール度数：16度

大西さんの朗読動画はこちら☞

◎愛知県

（蓬萊泉）

≫鼻に抜ける香りが抜群、名古屋めしに合わせたい

明日は桃の節句。いよいよ本格的な春が近づいてきましたが、いかがお過ごしでしょうか？

自分の名前に「桃」がついているので、昔から3月3日の桃の節句には親近感が湧いてしまいます。

昔、私のお家には立派な七段飾りの雛人形とガラスケースに入っている雛人形がいて、小さい頃の私は「大きい方が自分の雛人形」と思ってよく眺めていました。しかしある日、母に「大きいのはママのやで」と告げられ、何故かショックを受けた記憶があります（笑）。桃の節句に食べる、あの華やかな砂糖菓子がとっても好きでした。

さて、エッセイ第4回は愛知県です。

愛知県には、コンサートや握手会、名古屋のSKE48劇場への出張公演など、たくさん訪れたことがあります。

実は、私の劇場公演デビューは、秋葉原にあるAKB48劇場ではなく、SKE48劇場なのです。AKB48のメンバーなのになんで？　と思う方もいらっしゃると思うのでご説明します。エッセイ第2回でも書いたのですが、私の所属しているチーム8は各都道府県に一人ずつメンバーがいます。初期の頃は、北海道・東北・関東エリアのメンバー、中部・関西エリアのメンバー、中国・四国・九州エリアのメンバーの三つのグループにわかれて、それぞれAKB48劇場、SKE48劇場、博多にあるHKT48劇場の公演に出演させていただいていたのです。

劇場公演終わりに皆で食べに行く手羽先は本当においしくて、毎回楽しみにしていました。

今回飲んでみた日本酒は、関谷醸造さんの「純米大吟醸 蓬莱泉 空」です。

こちらは果物を思わせる芳醇な香りと米の旨み・甘みを引き出した味わいのあるお酒だそうです。

大きく一文字で書いてある「空」の文字が素敵。空といえば私は青空を思い浮かべるのですが、ラベルは少し灰色がかっていて落ち着きを感じます。「甘みを引き出した」らしいから、今回も甘いのかな？

最近お気に入りで使っている津軽びいどろのおちょこに注いでくいっと一杯。

ラベルの色からは曇り空を連想しま

愛知県「蓬莱泉」

すが、飲んだ瞬間パッと雲を抜けて天空に飛び立つような、花火のようにドンと力強く儚く弾けるような、華やかな印象です。その中に果物のような甘い香りと味わいもあって。今まで飲んだ日本酒の中で、鼻に香りが抜けるのが一番早い気がしました。「空」という名前がぴったり当てはまっているお酒だなと感じました。

愛知県は味噌カツが有名ですよね。淡白な味の肴もとっても合いそうだけど、敢えて味の濃い名古屋めしと一緒に飲んでみたいなと思いました。

関谷醸造さんは、酒造りを体験できる施設を2021年、「道の駅したら」に開設されたそうです！　実際に体験できるなんて、日本酒ファンには勿論、私みたいに勉強中の人や少し興味がある人にとっても親しみやすいですよね。私も行ってみたいです！

大西さんの朗読動画はこちら☞

日本酒 DATA #4

都道府県：愛知県
酒　　蔵：関谷醸造（せきやじょうぞう）
酒　　名：純米大吟醸 蓬莱泉 空
（じゅんまいだいぎんじょう ほうらいせん くう）
酒　　質：純米大吟醸
使 用 米：山田錦
精米歩合：麹米40%、掛米40%
アルコール度数：15度

◎宮城県

浦霞

≫コクととろみのある、新鮮な味わい

吹く風が心地よい季節になりましたが、皆様いかがお過ごしでしょうか。

私は寒いのがとても苦手で、冬は洋服をたくさん着込んで肩が重くなってしまって。なので少し暖かくなってきて、軽いお洋服で外に出られるのがとっても嬉しいです。

3月中旬といえば私にとっては春休みの印象が強いです。地域によって違うみたいですが、私の学校は春休みには宿題がありませんでした。なので少し短めのお休みですが、夏休みや冬休みとは違って宿題を気にせず遊べる春休みは、とっても晴れやかな気分で過ごしていたのを覚えています（笑）。

皆様の通っていた学校には春休みの宿題はありましたか？

さて、エッセイ第5回は宮城県です。ツアーや全国握手会などで何度か宮城県には訪れています。宮城県といえば「ずんだ」ですよね。帰りに新幹線に乗る前、ずんだシェイクを販売しているお店があって。そこのずんだシェイクを飲むと「宮城県に来たな〜！」って感じがして、毎回飲んで帰っていました。

ほんのり甘くて優しい味のずんだシェイク、思い出したらまた飲みたくなってきちゃいました〜（笑）。

今回飲んでみた日本酒は「純米大吟醸 浦霞 〝M〟」です。

こちらは、沸き立つようなフルーティで華のある香りと、微かな甘み、そしてとろみのあるテクスチャーを持つ、爽快でキレのあるお酒だそうです。

日本酒なのにラベルが英語!? なんでだろうと思い調べてみると、このお酒は「純米大吟醸」の魅力を日本国内だけでなく世界に発信するためニューヨークをベースに活動されている、宮城県仙台市出身のKen Hikofuさんがラベルをデザインされたそうです。宮城県の県花「ミヤギノハギ」と宮城県の「M」をモチーフにしているそうで、とっても繊細で柔らかく、可愛らしい印象が残るパッケージです。

私は日本酒を常温でいただくことが多いのですが、今回は冷やしていただきました。10度の花冷えぐらいです。

おちょこに注いで口元へ。香りは今までエッセイの中でいただいてきた日本酒と同じ甘い香り。ほんのりメロン

宮城県「浦霞」

みたいな香りがするような気がします。

飲んでみると後味のキレが良い！　そしてコクもある！　確かに少しトロッとしている！

味覚には、甘味、酸味、塩味、苦味、旨味の5つがあります。その中でもこのお酒は甘味と、そしてほんのり苦味を感じました。私の中では新鮮に感じる日本酒です。

この日本酒にはずんだを合わせたいな〜と思ってずんだを使った料理を調べると、白身魚にずんだを和える「白身魚のずんだ和え」という料理が出てきました！

コクととろみがあって味にパンチがあるこの「純米大吟醸 浦霞 〝M〟」と、少し甘く優しいずんだと、白身魚。めちゃくちゃいい!!　飲んで食べたい！

（編集部注：今回取り上げた「純米大吟醸 浦霞 〝M〟」は海外向け商品のため、通常、国内では販売しておりません）

大西さんの朗読動画はこちら

日本酒 DATA #5

都道府県：宮城県
酒　　蔵：佐浦（さうら）
酒　　名：純米大吟醸 浦霞 “M”
（じゅんまいだいぎんじょう うらかすみ えむ）
酒　　質：純米大吟醸
使 用 米：山田錦
精米歩合：40%
アルコール度数：16度以上17度未満

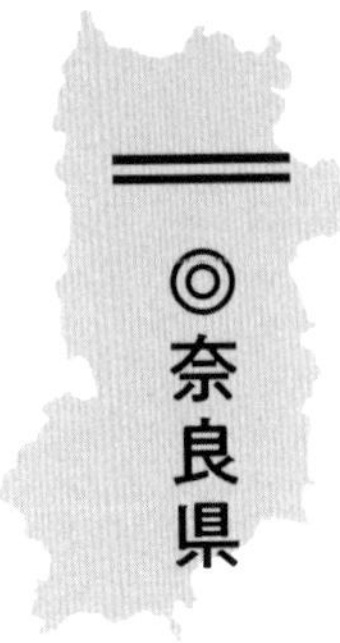

◎奈良県

（やたがらす）

≫お家の中で味覚でお花見気分！

新年度がスタートし、街中が桜色に染まって気温も心もあたたまる季節になりましたが、皆様いかがお過ごしでしょうか。

昨日はエイプリルフールでしたね。皆様はなにか嘘をつきましたか？　エイプリルフールって午後に嘘をついてはいけないって聞いたことがあるんですけど、そもそもなんで嘘をついていい日になったんだろう。

ちょっと調べてみたら、嘘は嘘でも相手を傷つけてしまうような嘘ではなく、面白おかしくなれる〝ジョーク〟を言う日だったみたいです。午前中に嘘をついて、午後にネタばらし。その場で盛り上がって一件落着、というイベントが始まりだったようです。エイプリルフールの由来に関しては色んな国に諸説があるみたいです。

日本にエイプリルフールが広まったのは大正時代だそう。そんな昔からだなんて、すごいですね！

さて、エッセイ第6回は奈良県です。ついにきました、奈良県!!

奈良県は私の生まれ育った県。以前所属していたＡＫＢ48 チーム８では奈良県代表として、そして奈良市観光大使としても活動させていただいています。

奈良に関しては、私が人生のほとんどを過ごしてきたのが奈良なので、逆に何をお話しすればいいか迷ってしまいますね。

奈良県にはいいところがいっぱいあります。世界遺産が身近にたくさんあって、自然も多くて空気もいいし、色んなお店もあって交通の便もいいし……。

あ、あと「奈良にうまいものなし」という言葉を聞いたことがありますが、それは違います！　柿の葉寿司というお寿司はご存知ですか？　新幹線の売店にもあったりするんですが、柿の葉寿司は奈良県の食べ物なんです。あとは葛餅、三輪素麺、大仏プリン、だんご庄……。

あ、あと私は「彩華ラーメン」というラーメン屋さんが大好きで、よくファンの方におすすめしています。奈良に行ったら絶対食べてほしいです！　こってり系がお好きな方には「まりお流」というラーメン屋さんもおすすめですよ。

奈良県「やたがらす」

今回飲んでみた日本酒は「やたがらす 吉野千本桜 純米大吟醸」です。やたがらすさんとは一度コラボをさせていただき、「純米吟醸 桃の香をり」を販売しました。

パッケージに青空と満開の桜が描かれていますね。奈良県の吉野の桜は日本でTOP5を争うぐらいのお花見スポットなんですよ。

桜ということで、ピンクの津軽びいどろのおちょこに注いで口元に近づけると、パッと明るく、とっても華やかで爽やかで優しい、甘い香りが。クイッと一口飲んでみると、香りから想像した味とは違います。まろやかで少し重みのある、そしてあとから甘さが追いかけてくるような。飲み込んだ後にも口の中にしっかり余韻が残る感じがします。

華やかで爽やかで優しくて、舌にも心にもしっかり残るこの日本酒こそ、お花見にピッタリなんじゃないかなと思います。外で気持ちいい風が吹いているなか、綺麗な桜を見て皆で一緒に飲んでもらいたい日本酒です。

でも今は少しそれが難しいご時世ですから、お家の中でこのラベルの満開の桜を見ながら、味覚でお花見気分を味わう、なんてのもとっても素敵ですね。

大西さんの朗読
動画はこちら

日本酒 DATA #6

都道府県：奈良県
酒　　蔵：北岡本店（きたおかほんてん）
酒　　名：やたがらす 吉野千本桜 純米大吟醸
（やたがらす よしのせんぼんざくら じゅんまいだいぎんじょう）
酒　　質：純米大吟醸
使 用 米：山田錦
精米歩合：50%
アルコール度数：17度

◎三重県

（鉾杉）

≫乳酸菌由来の酵母で柔らかな飲み心地

桜の季節が過ぎ、もう葉桜が見られる時期になりましたがいかがお過ごしでしょうか。

葉桜ってとっても綺麗ですよね。あたたかくて心地よい風と桜がだんだん散っていく姿が儚くて、でもこの桜が散るとまた夏がくるのかーとワクワクします。

優しいピンクと、鮮やかで爽やかな明るい緑。

私の名前は「桃香」と言いまして、だからか桜を見るとなんとなく、桃を思い浮かべちゃうんですよね。色が似てるからですかね？　種類にもよりますけれど、桜の花にも様々な色がありますよね。

鮮やかな、割とはっきりとしたピンクの桜も好きですが、私はほんのり色づいているような白に近い桜が大好きです。

さて、エッセイ第7回は三重県です。三重県は出身地・奈良県のお隣にあるので、昔何度か遊びに行った記憶があります。小さい頃なのでぼんやりと覚えている程度なんですが、海と川が近くにあるところで、海でひたすら遊び、少ししたら川の方へ行って……というのを繰り返していました。

泊まった民宿では雑魚寝だったので、どこの布団で寝るか母と父と兄と私で取り合ったのが懐かしいです。伊勢神宮などの三重県の観光地を回ったことはないので、いつか行ってみたいなぁ。

今回飲んでみた日本酒は「鉾杉　山廃仕込み純米」です。

さっそくおちょこに注いで口元に近づけると、いつもいただいている日本酒よりも香りが強くない印象でした。ほんのり控えめに甘い香りがするという感じです。

口に入れた瞬間、「!!!」ビックリマークが出ました。今までエッセイで取り上げた日本酒の中で、口あたりが他にない感触で。上手く言葉にできないけれど、お酒自身が体の中に入ってくるような……。

それほど甘くはありませんが、まろやかさも滑らかさも感じる。だけど、この今までにない感じはなんなんだろうと思い調べてみると、この日本酒は天然の「乳酸菌」を発育・発酵させた酵母により、心地よい旨みとキレのあ

三重県「鉾杉」

る飲み口が調和し、独特の味わいを引き出しているそうです。

乳酸菌と聞いて、何だかとっても納得しました。確かに、いつも飲んでいる乳酸菌が入っている飲み物に近い飲み心地でした。

公式では、ぬる燗（40度）がおすすめされています！

私は今回、常温（20度）と花冷え（10度）の2種類の飲み方で飲み比べてみました。

確かにこの日本酒の特徴を生かすなら温かい方がおいしいかもなあ〜と思いましたが、冷やして飲むのもとっても軽くて飲みやすかったです！

三重県といえば、個人的には伊勢海老の印象があるんですけど、AKB48の58枚目シングル「根も葉もRumor」の振り付けを考えてくださったのが三重高校の先生でした。MVには三重高校ダンス部の生徒の皆さんが来て、一緒に踊ってくださったんです。三重高校の先生がいつも手土産で「赤福」を差し入れしてくださっていたので、最近は「赤福」のイメージが強いです。

この日本酒なら「赤福」ともとっても合うかも！　どちらも程よい甘さで、お互いをきっと引き立たせてくれそう……、最高です。

大西さんの朗読動画はこちら

日本酒 DATA #7

都道府県：三重県

酒　　蔵：河武醸造（かわぶじょうぞう）

酒　　名：鉾杉 山廃仕込み純米（ほこすぎ やまはいしこみじゅんまい）

酒　　質：純米酒

使 用 米：三重県産酒造好適米「神の穂」100%使用

精米歩合：60%

アルコール度数：15度

◎愛媛県

（山丹正宗）

≫王道に見えてちょっと個性的。飲みやすさ◎

木々がだんだん色濃くなり、青空には鯉のぼりが気持ちよく泳ぐ季節になりましたが、いかがお過ごしでしょうか。

新年度が始まって、もう1か月も経つのかとびっくりしています。

5月といえばゴールデンウィークですよね。ここ数年は大型連休といえども外へ遊びに行くことがなかなか難しくなりました。こんな風になる前、私はゴールデンウィークになると祖父母のお家にお泊まりに行っていました。

祖父母のお家は田舎の方にあって、綺麗な川や山、辺りを見渡せば緑!!って感じでした。私はそんな田舎のお家が大好きで、よくお泊まりに行かせてもらっていたんです。

お家から少し離れた場所に小さな橋があって、そこを渡り秘密の道を進むと、つくしが本当にたくさんはえている場所がありました。祖母と行ってつくしを取り、お家に帰ってつくしのはかまを剥いて、その日の夜ご飯につくしの煮物が出てきて。自分で収穫したものを食べるっていう特別感がとっても好きで、よく祖母に「つくし取りに行こ〜!」ってお願いしていました。

さて、エッセイ第8回は愛媛県です。

愛媛県には行ったことがなくて、でもずっと行ってみたいな〜と思っている場所です。というのも愛媛県は果物、特にみかんが有名じゃないですか。私は果物が大好きで、みかんも大好きなんです。

昔、愛媛県にみかんジュースが蛇口から出るスポットがあると聞いて、ものすごく羨ましくて。自分のお家の蛇口からもみかんジュースが出せるようにしてほしいって母に交渉したのを覚えています（笑）。

今回飲んでみた日本酒は「山丹正宗 純米酒 松山三井」です。

この日本酒は愛媛県産の酒造好適米「松山三井」を使用し、米の旨みをじっくり引き出した辛口の純米酒だそうです。

パッケージの山丹正宗のロゴが可愛くて、でも全体の色味は深くて素敵ですよね。

おちょこに注いで口元に近づけると、香りは甘め。一口くいっと飲んでみると、第一印象としては「ストレート、だけど少し違う」です。例えば「赤色」なら真っ赤な赤ではなく「朱色」。「青色」なら鮮やかな青ではなく「藍色」。王道に見えるけど少し変化があるような感じがします。

味のベースは少し甘めだけど、スッキリとした口あたりと喉越しなので飲みやすい日本酒だと思います！

日本酒に果物を入れていただくのがとてもおいしいと以前ご紹介しましたが、この日本酒には愛媛県産のみかんを少し入れて飲んでみたい！　日本酒自体の甘さは控えめだから、みかんの甘酸っぱさと相まってお互いの良さを引き立たせてくれそうです。

大西さんの朗読動画はこちら☞

日本酒 DATA #8

都道府県：愛媛県

酒　　蔵：八木酒造部（やぎしゅぞうぶ）

酒　　名：山丹正宗 純米酒 松山三井
（やまたんまさむね じゅんまいしゅ まつやまみい）

酒　　質：純米酒

使 用 米：愛媛県産松山三井

精米歩合：60%

アルコール度数：15度

◎徳島県

（鳴門鯛）

≫爽やかでまろやかな、5月っぽいお酒

ゴールデンウィークが終わり、穏やかで過ごしやすい季節になりましたが、いかがお過ごしでしょうか。

この間、母の日がありましたね。皆様はお母さんに何かしましたか？　私は毎年、母に何かプレゼントをしています。今年は何にしようかなと考えて色々探してたんですけど、優柔不断なのでなかなか決められず……。

カタログで見つけた「ネッククーラー」というものにしました。これからの時期少しずつ暑くなっていくので、首にかけて思う存分涼んでもらおうと思います。しかも私が選んだ商品は、寒くなってきたらヒーターにもなって、暖かくもできるので便利なんです！

改めてママ、いつもありがとう！

さて、エッセイ第9回は徳島県です。

徳島県には何度か行ったことがあります。私がAKB48チーム8に所属して、初めて人前に立ってパフォーマンスをしたイベントが徳島県だったんです。パフォーマンスの前にメンバーとスタッフの皆さんと近くを練り歩いて、この後ステージでパフォーマンスするのでよかったら遊びに来てくださいって宣伝して回ったのが、本当にいい思い出です。

空き時間に皆で「鳴門の渦潮」も見に行きました！　渦の道というところには床が透明になっていて、足下の渦潮を見ることができる箇所があって、初めて見た渦潮はとっても迫力がありました。あと、私は奈良県出身で海がない県なので、海を見ただけでもとっても感動していました（笑）。

今回飲んでみた日本酒は「鳴門鯛 純米大吟醸 寿」です。

この日本酒は芳醇な旨みときめ細やかな酸味が融合した優雅な味わいで、まろやかな香ばしさもあるお酒だそうです。

パッケージに鯛が描かれていてとっても華やかな印象で、おめでたい！　なんちゃって。

おちょこに注いで口元に近づけると、優しいフルーティな甘い香りで、飲んでみるととっても飲みやすい！　口当たりがサラッとしていて喉にスッと入り込んできて。爽やかさもありつつまろやかで優しい。なんだか今の季節みたいです。

徳島県「鳴門鯛」

5月のこの、だんだん暖かくなってきて、爽やかな空に穏やかな温もりのある風が吹く、そんな今の時期にぴったりな印象の日本酒だと感じました。

この日本酒には徳島県で有名なすだちを使った料理が合いそう！ さっぱりしたすだちをかけた焼き魚とか。絶対おいしい！

大西さんの朗読動画はこちら

日本酒 DATA #9

都道府県：徳島県

酒　　蔵：本家松浦酒造場
（ほんけまつうらしゅぞうじょう）

酒　　名：鳴門鯛 純米大吟醸 寿
（なるとたい じゅんまいだいぎんじょう ジュ）

酒　　質：純米大吟醸

使 用 米：山田錦

精米歩合：40%

アルコール度数：16度以上17度未満

◎青森県

（陸奥八仙）

≫力強い味わいだけど後味はサーッと消える不思議感覚

今年もおいしいさくらんぼがお店に並び始める季節になりましたが、いかがお過ごしでしょうか。

最近は、スーパーでもさくらんぼをよく見る機会が増えて、とっても嬉しいです。

昔、実家に大きなお庭があって、その中心に大きなさくらんぼのなる木が生えていました。祖父母が大切に育てていた、すごく立派な木でした。この時期になると、脚立に登って頂上に座って、さくらんぼを木から取ってそのまま食べていました。すごく大きな脚立だったので、その頃まだ体が小さかった私は脚立に跨るのが怖くて。でもさくらんぼを食べたい一心で頑張って登っていました。木の下の方にもさくらんぼはなっていたのですが、なんでか上の方になってる実を食べたくて（笑）。

おうちの庭でさくらんぼ狩り。

今考えると、すごく贅沢なことをしていたな〜。他にもブルーベリー、ザクロ、スイカがお庭になっていました。小さい頃からよく食べていたので、今でも大好きな果物たちです。

さて、エッセイ第10回は青森県です。

私は青森県には行ったことがないんですけど、青森県といえばりんごですよね。あとねぶた祭りの写真をニュースやSNSで見たことがあるんですけど、とっても華やかなお祭りですよね。生で見たら迫力あるんだろうなあ。

ねぶた祭りの「ねぶた」ってなんだろうと思い調べてみると、東北地方の風習である「眠り流し」からきていると言われているんだそう。眠り流しとは夏の農作業の妨げとなる眠気を追い払う行事で、籠や笹竹などを海や川に流すものみたいです。

諸説があるみたいですが、「ねむたい」が「ねぷたい」に変化し、さらに「ねぶた」に変化したと考えられているんですって。途中経過のねぷたいが可愛いですね（笑）。

とても長い歴史を持っていて、開催期間中には青森県の総人口の2倍近い人出があるらしいです。すごく賑やかになりそうですね！　行ってみたいです！

今回飲んでみた日本酒は「陸奥八仙　華想い40 純米大吟醸」です！

Photo by Sasaki Nobuyuki

青森県「陸奥八仙」

華やかな香りと芳醇な味わいが一口目からたっぷり味わえて、純米大吟醸のお酒らしい重さと、磨かれたことによる清涼さを同時に味わうことができるお酒みたいです。

酒瓶の蓋が今までに見たことがない、引っこ抜くタイプの蓋でびっくりしました。

口元に近づける前から日本酒の香りがしっかりとして、飲んでみると、お酒が体の中で通った道筋が分かるような力強い印象でした。

ずっしり重いけど、後味は鼻から抜けるとか口に広がるというよりかは、サーッとどこかに消えてしまうような。今までにない、不思議な感じがします。

この日本酒は青森県で有名なせんべい汁と合わせてみたい！　せんべい汁を飲んだことはないのですが、調べてみると肉や魚、野菜、キノコなどでだしを取った汁に、小麦粉でできた南部せんべいを割り入れて煮込んだものらしいです。とってもおいしそう。

大西さんの朗読動画はこちら

日本酒 DATA #10

都道府県：青森県

酒　　蔵：八戸酒造（はちのへしゅぞう）

酒　　名：陸奥八仙 華想い40 純米大吟醸（むつはっせん はなおもい40 じゅんまいだいぎんじょう）

酒　　質：純米大吟醸

使 用 米：華想い

精米歩合：40%

アルコール度数：16度

自然酒
五人娘
純米吟醸
寺田本家醸

自然酒
五人娘

澤乃井
大辛口

大辛口

大西桃香の日本酒Q&A #1

Q. 日本酒を好きになったきっかけは？

A. お友達と居酒屋に行って、日本酒ってかっこいいなと思って頼んでみたら美味しくて、好きになりました！

Q. 日本酒は、辛口派？　甘口派？

A. 断然辛口派です。

Q. 日本酒以外で好きなお酒はなんですか？

A. シャンパン、白ワイン、レモンサワー、ハイボールが好きです！

Q. 初めて飲んだお酒は何でしたか？

A. 奈良の梅乃宿酒造さんの桃の果実酒でした！　お誕生日プレゼントとしていただいたのを、初めてのお酒として飲みました。あのころは「アルコールだああ」ってちょびっとしか飲めなかったのですが、今ではごくごくいけてしまいます(^_^)　笑

Q. お酒には強いですか？　弱いですか？

A. 自分では強い方だとは思っていますが……、多分世に出ると弱いのかなとも思います。笑

◎熊本県

（秋水）

≫ほんのりとした甘みとお米の旨みが広がる

梅雨に入り、色んな色の紫陽花が咲き始めましたね。いかがお過ごしでしょうか。

もうすぐ父の日ですね。皆様はお父様になにかする予定はありますか？

私は母の日に、これからの季節に使える家電製品をプレゼントしたので、父の日はお高めのお肉をお家に送りました。自分の稼いだお金で買ったいいお肉、本当なら一緒に食べてみたかったなあと思いつつ。母と兄が父の分までおいしくいただいてくれました！

感謝の気持ちは当日に伝えたいと思います。

父に限らず、誰かに直接感謝の気持ちを伝えられる時間は本当に貴重なものだと思います。普段は言えない恥ずかしい気持ちもきっとあると思いますが、この機会に是非感謝の気持ちを伝えてみてはいかがでしょうか？

さて、エッセイ第11回は熊本県です。

熊本県には幼い頃、親戚の結婚式の為に行ったことがあります。人生で初めて飛行機に乗った思い出です。初めての飛行機はすごく記憶に残っていて、飛び立つ前の加速。今まで体験したことがない速さで飛び立つ瞬間は体がふわっと浮くような感じで。あの頃はなんだか遊園地のアトラクションみたいで楽しかったのを覚えています。

空から見た景色はとても綺麗でしたが、雲の中に入ったら思い描いてたものと違くて「うーん」ってなった記憶があります。雲って、もっとふわふわでもふもふで、いつか雲の上で寝転がりたい！って思っていたので、現実はただ前が見えないだけで微妙な気持ちになったのが懐かしいです（笑）。

今回飲んでみた日本酒は「特別純米酒 秋水」です。

低温で熟成させた日本酒で、芳醇な香りとふくよかな口当たりが特徴だそうです。

ところで「特別純米酒」ってなんだろうと思い調べてみると、原料は純米酒と同じく米と米麹で、精米歩合が60%以下、または特別な醸造方法で造られている、香味・色沢が特にいい日本酒のこと。ちなみに「精米歩合60%以下」とは、4割以上磨いたお米を原料にするということみたいです！ 勉強になる！

熊本県「秋水」

おちょこに注いだ時の香りは、穏やかなんだけどすっと抜けるような爽やかな甘い香り。口に含んでみるとほんのりとした甘みとお米の旨みが口に広がります。ふわふわと優しい、なんだかお日様をたくさん浴びた温かいお布団のようです。飲み込んだ後、ほんの少しだけ苦味も感じて、でもさらっとしているのでとても飲みやすく感じます。とってもおいしい。

この日本酒は色んな料理に合うような気がするし、料理の味を引き立ててくれそうです。

私なら白身魚のホイル焼きとかと合わせてみたいなあ。濃厚なしっかり味のするものと合わせてみたいなって。しめじとかえのきも一緒に加えて、ネギも添えたりして。絶対おいしい！

大西さんの朗読動画はこちら

日本酒 DATA #11

都道府県：熊本県
酒　　蔵：河津酒造（かわづしゅぞう）
酒　　名：特別純米酒 秋水
（とくべつじゅんまいしゅ しゅうすい）
酒　　質：特別純米酒
使 用 米：華錦
精米歩合：60%
アルコール度数：15度

◎栃木県

（燦爛）

≫フルーティな香りなのにドライな味わい

今年も下半期に突入し、海や山が恋しくなる季節になりましたが、いかがお過ごしでしょうか。

7月！ 個人的に1年の中でとってもワクワクする月が7月なんです。自分でも何でなんだろうと考えたんですけど、多分学生の頃夏休みに入るのが7月だったからなんだろうなと思います（笑）。

約1か月半のお休み。海水浴にプールにお祭りに花火、虫取り網を持って色んな虫を探したり、お素麺にスイカにかき氷。想像するだけで今の年齢になってもワクワクが止まりません！

あと、夏といえば怪談ですよね。私は歳を重ねるにつれて怖い話が苦手になってしまったのですが、昔は大好きで。夏といえばホラー！ と、夏になると多くなる心霊番組を観るのが大好きでした。

さて、エッセイ第12回は栃木県です。

栃木県には行ったことがないんですけど、栃木といえば日光ですよね。食べ物だと餃子やイチゴのイメージがあります！ 特にとちおとめは自分へのご褒美で食べたりすることが多いです。餃子は宇都宮餃子®。私は人生でまだ食べたことがないのですが、皆様はありますでしょうか？

普段お家ではスーパーの焼くだけで食べられる餃子を買うことがほとんどなのですが、小学生の頃、学校がお休みの日に母が「今日は時間があるから一緒に手作りで餃子作ってみようか」と言ってくれたことがありました。お昼過ぎにスーパーへ買い出しに行って、一緒にタネを作って、餃子の皮で包んで。初めて包んだ私の餃子はとても綺麗とは言えず、母が器用に包んでいるのを「上手くできるのいいな～」と思っていました。夜にその作った餃子を食べてみるとめちゃくちゃおいしくて。もちろんいつも買っている餃子もおいしいけど自分で作ったものは格別で。今でもあの時の感動を鮮明に覚えています。今度自分でも作ってみようかな。

今回飲んでみた日本酒は「燦爛 純米大吟醸」です。

この日本酒は、日本酒なのにフルーティでまるでワイン感覚。口当たり滑らかで味わいまろやか、そしてやわらかいのが特徴だそうです。

栃木県「燦爛」

おちょこに注いでみると、香りがとってもフルーティ。甘く優しい香りがします。一口飲んでみると、香りから想像する味とは少しギャップを感じました。なんだか大人っぽいし、ドライな感じ。旨みがぐっと口の中に広がってフルーティな味わいで、だけど甘みはそこまで強くなくサラッと飲めて私はとっても好きです！　なんだかカッコ良さを感じる日本酒です。

この日本酒は鯖と大根の煮物とかと一緒に飲みたいなって思いました！　鯖の水煮缶と大根と生姜を入れて調味料を加えれば簡単にできる料理なんですけど、大人な味わいときっと合うんじゃないかなと思います！

大西さんの朗読
動画はこちら

日本酒 DATA #12

都道府県：栃木県

酒　　蔵：外池酒造店（とのいけしゅぞうてん）

酒　　名：燦爛 純米大吟醸
（さんらん じゅんまいだいぎんじょう）

酒　　質：純米大吟醸

使 用 米：栃木県産山田錦

精米歩合：38%

アルコール度数：16度

※商品リニューアルにあたり、現在はラベルの絵柄が変更になっています

◎福井県『白龍』

≫甘さと端麗さ、ギャップのある味わい

学生さんはもうすぐ夏休みですね。暑い日々が続き、元気に遊ぶ子供たちの声が響く頃になりましたが、いかがお過ごしでしょうか。

毎年夏がくるたび、こんなに暑かったっけ？ と思っているような気がします。最近は常にお家の冷蔵庫にアイスを二つ以上常備するようにしています（笑）。

アイスもおいしいけど、夏といえばかき氷！ より季節を感じられますよね。

お祭りに行くと必ずかき氷を買って食べます。色んな味の中からどれにしようか選んでいる時が、とってもワクワクして好きです。小学生や中学生の頃は迷わずブルーハワイ味を選んでいて、高校に入ってからはメロン味を買うようになりました！

あと、大人になってからイチゴの練乳がかかったかき氷を食べたんですけど、めちゃくちゃおいしいですね（笑）！

氷と練乳ってどんな感じになるんだろうと思って、今まで食べてなかったんですけど、とてもおいしくて、なんだか大人になった気分もしました。

さて、エッセイ第13回は福井県です。

福井県はイベントで何度か行ったことがあります！ 駅の前に恐竜の像があったのが印象に残っています。

福井県には思い出に残っている出来事があります。野外イベントがあり、そのイベント終わりで電車に乗って帰る予定だったんですけど、私を含めたメンバー3人がお腹がすいてしまって。駅の中に立ち食い蕎麦のお店があって、時間もそんなにない中、そのお店でお蕎麦を少し急ぎめに食べていたら、イベントに来てくださっていたファンの方にお会いしてしまって。

急いでお蕎麦を食べてる瞬間を見られてしまって、少しごめんなさいって気持ちになりました（笑）。恥ずかしかったです（笑）。

今回飲んでみた日本酒は「白龍 純米大吟醸雪室囲い」です。

この日本酒は青りんごのフルーティな香り、そして米の旨みが口全体に広がり、そのフルーティな香りと柔らかな旨みが女性に大人気の日本酒だそうです。

福井県「白龍」

おちょこに注いで口元に近づけると、甘い香り。一口いただいてみると、お米の旨みをすごく感じる！　それに加えて爽やかなフルーティさもあって飲みやすいです。

私は常温でいただいたんですけど、冷たい雪冷え（5度）ぐらいで飲むともっと飲みやすくなりそう。印象的には、サラッと爽やかというより、甘さの中に淡麗さがあって、ギャップも感じました。

この日本酒にはお刺身を合わせたいな〜って思いました。カツオとか！　カツオのお刺身をユッケ風にして合わせると、とってもおいしそう！　ユッケ大好きなんですよね〜♪

大西さんの朗読
動画はこちら☟

日本酒 DATA #13

都道府県：福井県
酒　　蔵：吉田酒造（よしだしゅぞう）
酒　　名：白龍 純米大吟醸雪室囲い（はくりゅう じゅんまいだいぎんじょうゆきむろがこい）
酒　　質：純米大吟醸
使 用 米：山田錦
精米歩合：45%
アルコール度数：16度

◎群馬県

（尾瀬の雪どけ）

≫爽やかで入道雲みたいな夏っぽさ

空を見上げると立派な入道雲が夏を感じさせてくれる頃になりましたが、いかがお過ごしでしょうか。

入道雲を見ると、海に遊びに行った帰りを思い出すんですよね。

以前のエッセイにも書いたかもしれませんが、私の家族はひと夏に5~6回は海に遊びに行っていて。その海からの帰り道、母が運転して私が助手席に乗って、その助手席から見える山からひょっこり顔を出した入道雲がとっても大きくて迫力があって、綺麗ですごく印象に残っています。

入道雲を見るとバニラソフトクリームが食べたくなる~。完全に見た目ですよね（笑）。

さて、エッセイ第14回は群馬県です。

群馬県といえば草津温泉ですよね。いいですよね。私は草津温泉には行ったことがないのですが、温泉が大好きで。小学5年生の頃、毎月のお小遣いが１５００円か２０００円で、そのお小遣いで友達と近くにあったスーパー銭湯に行っていました。小学生のお小遣いの使い道としては今考えるとちょっと渋めですよね（笑）。

今でも銭湯大好きです！　お風呂上がりの定番はコーヒー牛乳かソフトクリームでしたね~。最近は全然行けてないから行きたい!!

あと、群馬県で思い出に残っているものが一つ。

それは、バンジージャンプです。確か群馬県にあったものだと思うのですが……。

っていうのも、昔、ＡＫＢ48チーム8に入りたての頃、番組の企画でバンジージャンプを飛ぶ機会があったんです。でも、そのバンジージャンプの現場に行くまで、どこに行くか、何をするかを伝えられず、バスのカーテンは閉めっぱなしで内緒で連れていかれて（笑）。だから自分が何県にいるのかよく分かっていなかったんです（笑）。

普段絶叫マシンとか無理な人間なので、バンジージャンプは本っ当に怖かったのですが、その頃は何も分からずとりあえず早く飛んだ方が有利という企画だったので、なんと記録9秒で飛ぶことができました（笑）！　負けず嫌いなのもあって自分では頑張った方だったのですが、他のメンバーは3秒

群馬県「尾瀬の雪どけ」

で飛んでたりして、私の記録はその中では最下位でした……。みんなすごかったです！

今回飲んでみた日本酒は「尾瀬の雪どけ 夏吟 純米大吟醸」です。

この日本酒は夏らしい軽快な飲み口でフレッシュでフルーティ。リンゴや洋ナシを思わせる広がりのある香りと優しい甘み。夏らしい爽やかな仕上がりになっているみたいです。

おちょこに注いで口元に近づけるととっても爽やかな香り！ 一口いただいてみると、すごく飲みやすい。爽やかでもちろん甘さもあるけど全然癖がなくて。なんだか入道雲のようです。入道雲を見るとカラッとした夏を感じ、迫力も感じるけどそれと同時にもくもくした形が可愛らしくて愛らしい。本当にこの日本酒を飲んだだけで夏っぽさを感じます。ベランダに出て団扇で涼みながら花冷えにして飲みたい。

この日本酒は冷奴と合わせたいなあ。生姜やネギなどの薬味をたくさん載せて上からお醤油をたらして。しらすと和えるのも最高ですよね。

大西さんの朗読動画はこちら☞

日本酒 DATA #14

都道府県：群馬県

酒　　蔵：龍神酒造（りゅうじんしゅぞう）

酒　　名：尾瀬の雪どけ 夏吟 純米大吟醸
（おぜのゆきどけ なつぎん じゅんまいだいぎんじょう）

酒　　質：純米大吟醸

使 用 米：国産米

精米歩合：50%

アルコール度数：15度

◎秋田県（ど辛）

≫びびびっとした辛みと果実のような風味

蟬の声がにぎやかになり、冷やしたスイカがおいしい季節となりましたが、いかがお過ごしでしょうか。

夏休みもあともう少しとなりましたね。私は学生だった頃、夏休みの宿題を後回しにするタイプで、いつも8月30日から焦りだしていた記憶があります。

最後まで算数のドリルが終わらず8月31日は毎年徹夜で宿題をして、眠いまま新学期を迎えていました（笑）。夏休みが始まってすぐは「よし！　今年こそは7月中に宿題終わらせるぞ！」って意気込んでいたのに……。難しいものです。

小学生の頃割と好きだった宿題に、図工の宿題で画用紙に絵を描くっていうのがあって。毎年花火の絵を描いてたんですよね。クレヨンで花火を描いて夜空を絵の具で塗って。本当なら毎年描く絵を変えた方がいいと思うんですけど、その花火の絵を何故か気に入っちゃって（笑）。色んな科目の宿題に疲れると、息抜きでその図工の宿題にうつるようにしていました。

さて、エッセイ第15回は秋田県です。

秋田県といえば思い浮かぶもの、たくさんありますよね。なまはげ、秋田美人、あきたこまち。

私が一番初めに頭に浮かんだのは秋田犬です！　私、好きな犬種が柴犬と秋田犬なんです！　めちゃくちゃ可愛いですよね。昔飼っていたわんちゃんがいて、その子は雑種だったんですけど、柴犬のような秋田犬のような見た目で。すごく人懐っこい子で、お散歩で人とすれ違う度に付いていっちゃうような、可愛いわんちゃんでした！

動画サイトでよく動物の可愛い動画を見るんですけど、秋田犬のわんちゃんに癒やされています。でも実際は会ったことないんですよ！　いつか会ってみたいなあ。

今回飲んでみた日本酒は「山本　ど辛　純米酒」です。

この日本酒は日本酒度＋15の超辛口のお酒で、口に含んだ時のほのかな甘さ、そして飲んだ時の辛さ、青リンゴのような瑞々しい風味が特徴だそうです。

日本酒度とはなんだろうと思い調べて見ると、水に対する日本酒の比重を

秋田県「ど辛」

表す単位なんだそうです！　日本酒度では、±0を基準にして、－1・4～＋1・4を普通、＋6・0以上を大辛口、－6・0以下を大甘口としているらしく、だから＋15のこのお酒は「ど辛」の名前の通り、だいぶ辛いんですね！

おちょこに注いで口元に近づけると、ほのかに甘い香りはしますが、その後にスッと涼しげな香りが鼻の奥に抜けるような感覚がありました。

一口飲んでみると、びびびっと電気が走るようなピリッとした辛み！　印象としてはキレが良くて、でも舌に馴染むような味わい。とっても飲みやすい。果実のような風味も優しく感じて、とても自分好みの日本酒を見つけてしまいました。

この日本酒にはなんでも合わせやすいと思うんですけど、私はお寿司と飲みたい！　お刺身にはぴったりだと思うし、おうちで手巻き寿司を作って合わせるのも最高な気がします！　いつかやりたい！

大西さんの朗読動画はこちら☞

日本酒 DATA #15

都道府県：秋田県
酒　　蔵：山本酒造店（やまもとしゅぞうてん）
酒　　名：山本 ど辛 純米酒
（やまもと どから じゅんまいしゅ）
酒　　質：純米酒
使 用 米：ぎんさん
精米歩合：65%
アルコール度数：15度

◎広島県

龍勢

≫口に含んだ瞬間と喉越しで二度おいしい

夏休みが明け、まだまだ残暑が厳しい日が続いておりますが、いかがお過ごしでしょうか。

9月に入りましたね！　私、1年の中で9月が一番好きな月なんです。春夏秋冬でも秋が一番好きなんですよね。暑かった夏が過ぎ、少しずつ涼しくなってくるのを肌で感じるのが好きで、心地よい風が吹くと涼しくなってきたなあって幸せを感じます。

あとは自分の誕生日が9月なので、昔から9月は自分にとって少し特別なんですよね。お祝いしてもらえたり、ケーキを食べられたり。なんだかんだ歳はとりたくないな〜って思うのですが、お誕生日の雰囲気は大好きです。

昔というか今でもなんですけど、お誕生日の時のケーキ、私は毎年チョコレートケーキを食べています！　子どもの頃は母に「ショートケーキかチョコレートケーキ、どっちがいい？」って聞かれて、毎年「チョコレートケーキがいい！」ってお願いをしていました。ケーキの中だと今でもチョコレートケーキが一番好きです。

さて、エッセイ第16回は広島県です。

広島県には修学旅行で行ったことがあります。修学旅行に行く1か月前ぐらいからクラスのみんなで千羽鶴を折ったなあ。私は不器用なので折り紙を折るのに苦労した記憶があります。

あとは全国ツアーでも広島県にお邪魔しました！　広島ツアーの前日、リハーサルが終わったあと同じチーム8、大阪府代表の永野芹佳ちゃんとせりちゃんのご両親と、広島のお好み焼きを食べに行きました！　とってもおいしいですよね！　広島のお好み焼きを初めて食べたのは修学旅行の時で、初めてお好み焼きに麺が入っているのを見て、すごく新鮮な気持ちになったのを覚えています。せりちゃんとせりちゃんのご両親と食べたお好み焼きも、とってもおいしかったなあ。また食べたいです！

今回飲んでみた日本酒は「龍勢　八反陸拾　純米吟醸」です。

広島県の酒造好適米の「八反35号」を原料米としたお酒で、シャープなキレと膨らみのある味が特徴なんだそうです。

おちょこに注いで口元に近づけると

甘い香り。一口いただくと、少し想像と違いました。唇が少しぴりっとし、味としてはそこまで甘くない印象だけど、後から柔らかい甘さが追ってくる。

口に含んだ瞬間と喉越しで、二度おいしい。たとえるならお鍋を食べたあと雑炊にしたような、同じ味なんだけど違うもののような。

この日本酒は塩昆布とピーマンを合わせたおつまみと食べたい。ピーマンを細く切って塩昆布と一緒にして、それをお醤油とごま油で和えて食べるんです。きっと合うだろうなあ。

（編集部注：今回取り上げた「龍勢 八反陸拾 純米吟醸」は現在終売しています。リニューアルした商品の「龍勢 ゆらぎの凪―八反35号―」がございますので、お買い求めの際はこちらをお選びください）

大西さんの朗読動画はこちら

日本酒 DATA #16

都道府県：広島県
酒　　蔵：藤井酒造（ふじいしゅぞう）
酒　　名：龍勢 八反陸拾 純米吟醸（りゅうせい はったんろくじゅう じゅんまいぎんじょう）
酒　　質：純米吟醸
使 用 米：八反35号
精米歩合：60%
アルコール度数：16度

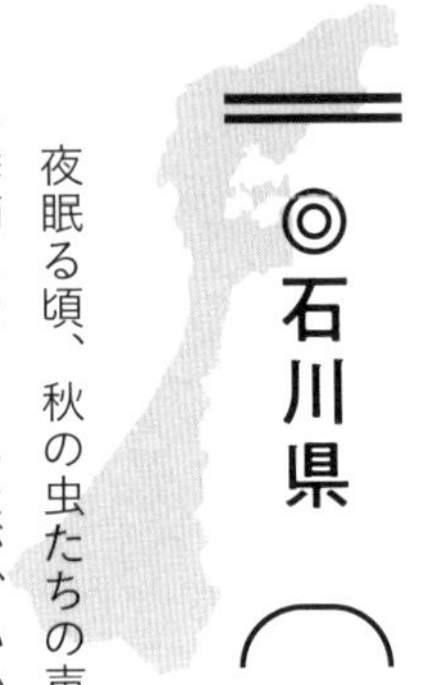

◎石川県（天狗舞）

≫お米の甘みをすごく感じる！

夜眠る頃、秋の虫たちの声が心地よい季節になりましたが、いかがお過ごしでしょうか。

9月も中旬。前回のエッセイで9月、秋が好きってお話をさせていただいたのですが、私、秋に咲く花のコスモスとキンモクセイが大好きで。

昔、田舎の祖母宅の近くに本当に綺麗なコスモス畑があって、秋頃に祖母宅に行く時は、そのコスモスを見るのをすごく楽しみにしていました。

あと、小学生の頃まで住んでいた実家の近くに、キンモクセイの木があって。キンモクセイって近づいてもめちゃめちゃ香りがすることってなくないですか？　私だけかな（笑）。でもキンモクセイの花の香りを感じたくて、キンモクセイの木の周りをずっとうろちょろして、不意に漂ってくるキンモクセイの香りに癒やされていました。

さて、エッセイ第17回は石川県です。石川県には思い入れがあるんですよね。というのも初めて私が回った全国ツアーで行った場所なんです。アイドルになってまだ1年目で、初めての全国ツアー。覚える曲もたくさんあって、皆で必死に練習して。楽しみだったけど不安の方が大きくて。

本番、ステージに立って幕があがると、たくさんの方のペンライトが本当に綺麗で。今でもその光景は鮮明に覚えています。その景色を目にした瞬間、1曲目から皆で大号泣しながら歌って踊った記憶があります。本当に感動したなあ。ただただ幸せでした。

今回飲んでみた日本酒は「天狗舞山廃仕込み純米酒」です。

この日本酒は山廃仕込み特有の濃厚な香味と酸味の調和がとれた、個性豊かな純米酒だそうで、色が山吹色になっていて目でも楽しめるんだそうです。「天狗舞」って素敵な名前ですよね。天狗が舞うほどおいしい日本酒ってことなのかな？　楽しみです！

封を開けた瞬間、ふわっと広がるお米の香り。香りはそこまで甘くない気がします。

おちょこに注ぐと、うっすら黄色味がかった色をしていてすごく綺麗！　一口いただくと、香ばしさ、酸味がしっかりしていて、でも優しいまろやかな甘さもちゃんとあって。なんだかお

石川県「天狗舞」

米の甘みをすごく感じる気がする。一口で色んな味が楽しめて面白いです。

この日本酒はユッケと合わせたいなあ。おうちで簡単に作るならサーモンのユッケとか。お刺身をタレに和えるだけで、意外と簡単に作れるからいいですよね！

大西さんの朗読動画はこちら

日本酒 DATA #17

都道府県：石川県

酒　　蔵：車多酒造（しゃたしゅぞう）

酒　　名：天狗舞 山廃仕込み純米酒
（てんぐまい やまはいじこみじゅんまいしゅ）

酒　　質：純米酒

使 用 米：五百万石

精米歩合：60%

アルコール度数：16度

◎高知県

（美丈夫）

≫優しい甘みが舌を包む！

10月に入り、秋空が気持ちよく澄み渡る季節になりましたが、いかがお過ごしでしょうか。

10月といえば、私は学生時代の運動会を思い出します。でも地域によって春に運動会をするところもあるんですよね？　幼稚園から高校生まで私にとって運動会は秋にやる行事でした。

運動会が始まる何週間か前にクラスで自分が何の種目に出るか決める時間があって、私はずーっと50m走や100m走などの走る種目を選んでました！　あとは人手の足りない種目だったり、最後のリレーとかに出ていたなぁ。

あと、あれやってみたかった！　借り物競走！　私の学校では借り物競走っていう種目がなくてできなかったんですけど、すごい憧れがあったんですよね～。皆様は借り物競走、したことありますか？　あれって本当に紙に「好きな人」とか書いてあるのかな～？　漫画の読みすぎですか（笑）？

さて、エッセイ第18回は高知県です。高知県には舞台の高知公演があって2022年に初めて行ったばかりなんです！　めちゃくちゃいいところだったなあ。路面電車に乗ったり、鰹のたたき食べたり、ひまわりコーヒー飲んだり……。今年のことだけどもう懐かしい！

夜にお散歩するのが大好きで、この時も夜1人でコンビニに行ってひまわりコーヒーを買って飲みながら夜の高知を散策してました。

他のキャストの方は海に行ったり坂本龍馬像を見に行ったりしてて、写真を見せてもらったりしました！　私も行きたかったなあ～！

あと行きの電車で移動中寝てて、たまたま起きた駅の名前が「後免《ごめん》」駅っていう名前だったんです。珍しいですよね！

今回飲んでみた日本酒は「美丈夫 吟醸 秋酒」です。ラベルの猫が可愛い!!

低温貯蔵でじっくり熟成させた秋ならではの吟醸酒で、お米の旨みとシャープな酸味が口の中で広がる、味わい深いお酒だそうです。

おちょこに注いで口元に近づけると、とても優しくて涼しげな香り。一口飲んでみると口の中にパッと広がるお米の旨み。優しい甘さが舌を包んでくれるみたいです。後味はいい意味で残らず、さっぱりしていてとても飲みやすいです。濃い感じではないので日本酒の中でも飲みやすい方な感じがします。なんだかおしゃれな味！

このお酒にはそれこそ鰹のたたきといただきたい！　鰹のたたきにタレをつけて薬味にお葱と生姜をつけて……。最高ですね！

大西さんの朗読動画はこちら

日本酒 DATA #18

都道府県：高知県
酒　　蔵：濵川商店（はまかわしょうてん）
酒　　名：美丈夫 吟醸 秋酒
（びじょうふ ぎんじょう あきさけ）
酒　　質：吟醸酒
使 用 米：愛媛県産松山三井
精米歩合：55%
アルコール度数：15度

八反 陸拾

八反 陸拾

R
FORT

うぐいす

大西桃香の日本酒Q&A #2

Q. **酔っぱらうとどんなふうになりますか？**

A. メンバーには「べたべたしてくる〜」って言われます。あと記憶がよくどこかへ行ってしまいます……。

Q. **今までで一番酔っぱらった時のエピソードを教えてください。**

A. 始発の山手線に乗ったはずなのに、いつの間にか寝てしまっていて、起きたら8時半頃だったことがあります……。

Q. **酔っぱらった人の相手は得意ですか？**

A. 相手が酔っぱらっている時はだいたい私も酔っているので、一緒に楽しみます！

Q. **外で飲むときは、どんなお店に行くことが多いですか？**

A. 居酒屋ですかね。鳥貴族とかも大好きですし、チェーン店ではないこぢんまりとしたところも大好きです！
この間、新橋の路地裏にある小さめのお酒が飲めるお店に入ってみたのですが、お会計の時、「あそこの席にいた方がお会計を済ませてくださいました」って言われて……。その方々とは一言も喋ったりしなかったのですが、帰る時に先にお支払いをしてくれたんです。もう帰ってらっしゃってお礼が言えなくて申し訳ない気持ちになったのですが、「これが新橋ドリームか」ってなりました。

Q. **居酒屋さんで絶対に頼むおつまみはなんですか？**

A. 梅水晶、エリンギバター、きゅうりはあれば必ず頼みます！　あとは焼き鳥のつくねともも！

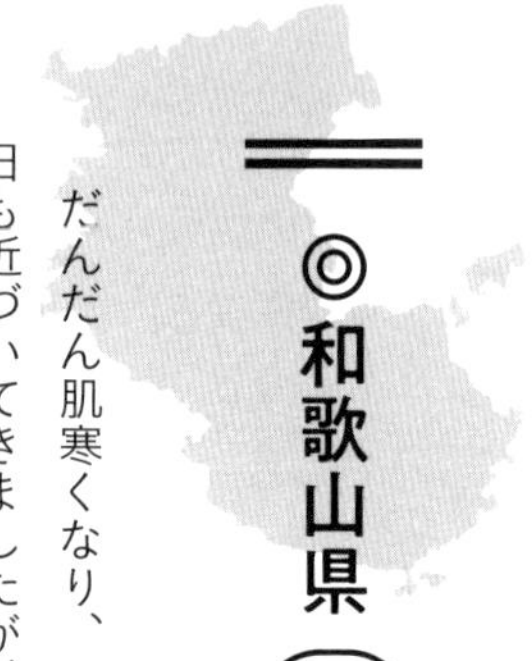

◎和歌山県（黒牛）

≫今日の晩ご飯に合わせたい定番酒

だんだん肌寒くなり、ハロウィンの日も近づいてきましたが、いかがお過ごしでしょうか。

10月31日はハロウィン！　トリックオアトリート、ですね。皆様はハロウィン、どんな思い出がありますか？

私はプライベートで「トリックオアトリート！」と言ってお菓子をもらいにいったことはありません（笑）。ただこの期間は、スーパーなどにお買い物に行くと内装にオレンジのカボチャや紫色の服を着た魔女の飾り付けがあって華やかなので、ウキウキした気持ちでお買い物してました。

仮装も……プライベートではないかな？　１００円ショップにピンで髪にとめる猫耳みたいな商品が売っていて、それを買って着けたりはしていた気がします（笑）。今はお仕事で毎年何かしらやっているような気がしますが、なんとなく選ぶ仮装は猫が多い気がします。今年は何にしようかなあ？

さて、エッセイ第19回は和歌山県です。

和歌山県は私の出身県、奈良県のお隣の県です。小さい頃は夏に和歌山県の海に何度か遊びに行った思い出があります。私が和歌山県での思い出の中で一番印象に残ってるものも海の思い出です。私が幼稚園か小学校低学年の頃、夏に家族で海に行って。その海は遠浅な海だったんです。浜からだいぶ先の沖の方まで歩いてもまだ膝に水が浸かるぐらいで、それが自分にとってとっても新鮮で楽しかったことを覚えています。その海でその当時の私のふくらはぎが水に浸かるぐらいの場所でおもちゃのスコップを持ちながら遊んでいると、足下にぼんやり黒い影が。とても怖くなり走って母のいる浜に逃げると、さっき私がいた辺りにいた他の方が「エイがいるぞ！」と言っていて。そう、私の足下に大きなエイが泳いでいたんです。今思うと素敵な思い出ではあるんですが、昔は怖かったっていう記憶の方が強くて……（笑）。とっても貴重な体験でした。

今回飲んでみた日本酒は「純米酒　黒牛」です。

このお酒は数ある黒牛のシリーズの中で定番中の定番とされるお酒だそうで、芳醇で旨みのある、酸度の多さを感じさせない幅のあるお酒だそうです。

おちょこに注いで口元に近づけるとお米の優しい甘い香り。一口いただいてみると、キリッとしている。辛口の日本酒なのかな？　と思い調べてみるとそうでもなく中口でした。今まで中口と表示されている日本酒は割と甘い印象があったので少しびっくりしました。確かにピリッとする感じではないんですよね。お米の旨みがキリッと出ていて後味はスッキリ。スッと抜けていく。

やっぱり定番中の定番といわれるだけあって、このお酒には基本どんな料理でも合いそうです。日本酒の定番のお肴だけではなく、普段出てくる夜ご飯と一緒に合わせたりもできそうだなって思いました。

皆様の今日の夜ご飯はなんですか？是非このお酒を合わせてみてください。ちなみに私の今日の夜ご飯はカレーです。合うかな（笑）？

大西さんの朗読動画はこちら☞

日本酒 DATA #19

都道府県：和歌山県
酒　　蔵：名手酒造店（なてしゅぞうてん）
酒　　名：純米酒 黒牛（じゅんまいしゅ くろうし）
酒　　質：純米酒
使 用 米：山田錦／酒造好適米
精米歩合：麹米50%、掛米60%
アルコール度数：15.6度

◎長崎県「六十餘洲」

≫清々しい香りとキレのある味わい

今年も残り2か月となりましたがいかがお過ごしでしょうか。

1年があっという間に過ぎていきますね。道を歩くと、いつも歩いていた道にキンモクセイの香りがしなくなっていて、ちょっと寂しく感じます。

歳を重ねるごとに1年が過ぎるのが早くなるように感じることを「ジャネーの法則」って言うんですよね。私も今年で25歳になり、日々「ジャネーの法則」をこの身で味わっています。

小学生の頃はあんなに長かった1年間。でも今ぐらいのスピードで時の流れを感じるの、悪くないですよね。私は結構今の方が好きなんです、自分の感じる時の流れ。

残り2か月。皆様は今年中にやりたいこととかありますか？　私はできるなら、温泉旅行に行きたいです！　ずーっと昔から行きたいとは言っているんですけど、なかなか日程が合わず……。もし行くなら温泉で有名な熱海か、大分県に行きたいです！　今年中に行けますように！

さて、エッセイ第20回は長崎県です。長崎県は中学校の修学旅行で行った場所なんです。長崎県での修学旅行の思い出はやっぱりなんといっても「ハウステンボス」！

皆様はハウステンボス、行ったことありますか？　私はその時に初めて行ったのですが、すごく素敵な場所だった記憶があります。なんだか外国に行った気分になりました。おしゃれな建物がたくさんあったり綺麗なお花がたくさん咲いていたり、あと不思議な場所とかもあって。記憶にあるのは、お化けの絵が描かれている公衆トイレ！　今もあるのかなあ？　興味本位で中に入ろうとしたけどやっぱり怖くてやめたのを覚えています（笑）。みんなでワイワイしながらハウステンボスの中をまわって遊ぶのがとっても楽しかった。一つ心残りがあるとすれば、夜のイルミネーションを見られなかったことです。いつかイルミネーションを見に行ってみたいなあ。

今回飲んでみた日本酒は「六十餘洲 純米酒 山田錦」です。

このお酒は、柔らかい旨み、キレの良い味わいが特徴なんだそう。

一升瓶。ラベルの字体も相まってと

っても迫力がありますね。

　おちょこに注いで口元に近づけると、日本酒特有の香りがあまりしない気がしました。清々しい香りというか。そんな印象です。

　一口飲んでみると、口全体に広がる甘い味わい。そして口の中にちらほらパチパチとキレが垣間見える感じ。

　なんだか夏の終わりの夜にする線香花火が思い浮かびました。

　この日本酒にはチーズが合いそう。6Pチーズのようなお手頃なチーズもいいし、その6Pチーズを海苔で挟んで少し炙って食べながらとかでもおいしそうです。

大西さんの朗読動画はこちら

日本酒 DATA #20

都道府県：長崎県
酒　　蔵：今里酒造（いまざとしゅぞう）
酒　　名：六十餘洲 純米酒 山田錦
（ろくじゅうよしゅう じゅんまいしゅ やまだにしき）
酒　　質：純米酒
使 用 米：山田錦
精米歩合：65%
アルコール度数：15度

◎福岡県

（庭のうぐいす）

≫可愛い見た目とさっぱりと弾ける味わい

11月も半ばを過ぎ、朝晩の冷え込みが厳しくなってきましたが、いかがお過ごしでしょうか。

大西家は1か月前にこたつを出しました！ 今はこたつと暖房を活用しています……。過去のエッセイでも話したことがあるかもしれませんが、私、寒いのが本当に苦手で……。

まだまだ寒くなるのに、これからどう冬を越そうか模索中です（笑）。

この時期になると温かいお鍋が食べたくなりますね。私は去年お鍋の魅力に気づいて、去年の冬の自炊は大体お鍋でした（笑）。野菜もたくさんとれるし、簡単に作れるし、おいしいし、最高なんですよね。私はキムチ鍋が一番好きです。その次に好きなのは水炊き。その次はちゃんぽん。

最近よく「トマト鍋」というものを見かけますが……どんな感じなんだろう。一度チャレンジしてみたい気持ちはあるんですよね。皆様は食べたことありますか？ あれば是非感想を教えてください。

さて、エッセイ第21回は福岡県です。

前回のエッセイに引き続き、九州ですね。福岡に降り立ったことはあるんですけど、他の県への移動として通過することが今までは多くて。以前、福岡県で乗り換えをする時になにか福岡ならではのお土産を買いたくて、初めて明太子を買ったんです。普段、あまり明太子は食べないんですけど、せっかくだし家族にと思って買って。

おうちに帰ってその日の夜ご飯として明太子を出してもらったら、本当に美味しすぎてびっくりしたのを覚えています。明太子だけでお米を何杯もおかわりしました（笑）。

さすが福岡県……。あの味が今でも忘れられないです。また食べたい！

今回飲んでみた日本酒は「庭のうぐいす 純米吟醸」です。

瓶の形だったりラベルの色合いや形、そしてうぐいすのイラストがとっても可愛い。

この日本酒は最新の醗酵理論や醸造技術を積極的に取り入れ、現代にマッチした日本酒づくりをテーマにした一本だそうで、フレッシュでフルーティな香りが特徴なんだそう。

おちょこに注いで口元に近づけると、

福岡県「庭のうぐいす」

ふわっと広がる優しいお米の香りの後から、鼻の奥に抜ける甘い香り。

一口飲んでみると、とってもさっぱりとした弾けるような味わい。後味がそこまで残らないのでとっても飲みやすい。なんだか冬があけ、春がきたなと実感するぐらいの風景が頭に浮かびます。心が優しくあったかくなりました。

私はこの日本酒とチョコを合わせてみたいなって思いました！　キットカットとか。甘いチョコレートとザクザクのウエハース。

この日本酒なら洋菓子とも合うんじゃないかなあ。試してみたい！

大西さんの朗読
動画はこちら

日本酒 DATA #21

都道府県：福岡県

酒　　蔵：山口酒造場（やまぐちしゅぞうじょう）

酒　　名：庭のうぐいす 純米吟醸
（にわのうぐいす じゅんまいぎんじょう）

酒　　質：純米吟醸

使 用 米：山田錦・夢一献

精米歩合：50%

アルコール度数：15度

◎鳥取県（鷹勇）

≫常温だけどひやりと冷たい感触！

今年もとうとう残り1か月になりましたが、いかがお過ごしでしょうか。

先月、なんと久しぶりに母が東京の私のお家に来てくれまして！ といってもこのエッセイを書いている今は実は11月なので、まだ来ていないんですけど……（笑）。このエッセイがアップされている頃には来てくれています！

私の予定がなかなか分からないのと、あまりお休みが頻繁にある訳ではないので、奈良の実家にも帰れず、母に来てもらうのもなかなか予定が合わず……。

なので今回母が来てくれるのがとっても嬉しくて楽しみで、今はそれをモチベーションにお仕事頑張れています。

前回母が来てくれたの、いつだろう？ わりかし最近だったよな？ と思い写真のフォルダを遡ってみると、2021年の4月でした。もう1年以上、なんなら2年近く経っていることにびっくりしました。その間何回か奈良に帰ったりもしているので会えてはいるのですが、時の流れの早さには本当に驚かされます。前回は、一緒に新大久保に行って韓国料理を食べたり、浅草に行って食べ歩きしたあと散歩がてら歩いて東京スカイツリーに行ったり。今回はどこへ連れていこうかな。このエッセイがアップされる頃にはもうどこかへ連れてった後だとは思うのですが、どこか東京でおすすめの場所があったら教えてください。

さて、エッセイ第22回は鳥取県です。

実はこれもまた、このエッセイがアップされる頃には行ったあとだと思うのですが、お仕事で鳥取県に行く予定があるんですよね。なので、今の時点ではまだ鳥取県に行ったことがないんです。

鳥取県といえば私の中では梨のイメージが強いです。私、果物の中で一二を争うぐらい梨が大好きで。私の同期の元AKB48 チーム8鳥取県代表の中野郁海ちゃんのご家族が、毎年実家に二十世紀梨を送ってくださっていて、それがとっても楽しみなんですよね。いつもありがとうございます。

あと鳥取県といえば鳥取砂丘！ 一度は行ってみたい場所です。

今回飲んでみた日本酒は「鷹勇 特

鳥取県「鷹勇」

別純米酒」です。

　この日本酒は鳥取県産の酒造好適米「山田錦」と「玉栄」を原料米に使用して50%まで磨き上げ、しっかりとした米の旨みとふくらみのある味わいが特徴だそう。

　おちょこに注いで口元に近づけると、しっとりとしつつも軽やかな香り。

　口に触れた瞬間、ひやりと冷たく感じました。なんでだろう。常温で飲んだんですけど何故かそう感じ、初めての感覚でした。接触冷感！　味はキリッとして、輪郭がハッキリしていて、そして軽い。これはさらりと飲めちゃうなと思いました。

　この日本酒はフルーツと合わせたいな！

　バナナ、桃、梨、そのままでもいいけど、リンゴのパンとかバナナのバウムクーヘンとか、フルーツを使ったお菓子にもきっと合う！　おいしそう！

大西さんの朗読動画はこちら

日本酒 DATA #22

都道府県：鳥取県
酒　　蔵：大谷酒造（おおたにしゅぞう）
酒　　名：鷹勇 特別純米酒
（たかいさみ とくべつじゅんまいしゅ）
酒　　質：純米酒
使 用 米：山田錦・玉栄
精米歩合：50%
アルコール度数：15度

◎新潟県（久保田）

≫一口目のインパクト大！後味はスッキリな"はらい"系

クリスマスや年越しなどのイベントも間近で、今年も終わりが近づいてきましたね。いかがお過ごしでしょうか。

今回が２０２２年、年内ラストのエッセイです。この１年、あっという間だったなあ。読んでくださっている皆様、いつもありがとうございます！

最近はまた寒くなってきましたね。寒くなってきたで思い出したんですけど、私昔、マフラーを編むのがすごく好きだったんです。しかも、毛糸を編む時によくある棒。調べてみると「編み棒」というみたいなんですが、それを使った編み方じゃなくて、指で編む「指編み」というやり方で遊んでいました。母から教えてもらったやり方で、この時期になると雑貨屋さんや１００円ショップなどに行って好きな毛糸を2、3個選んで、お家に帰ってから何日もかけて編んでいました。

ただ、指編みって自分の片手を土台にして作るから、実際に首に巻けるマフラーみたいなものにはほど遠く……。でも編むのが楽しくてずーっと編んでいました（笑）。最終的に何かの物体になるわけでもなく細くてながーい毛糸の編まれたものが完成するんですけど、自分用のマフラーとしては使えないので、持っているぬいぐるみに巻いたりしていました。懐かしいなあ。今でも毛糸を見るとワクワクする気持ちが湧き出てきます。

さて、エッセイ第23回は新潟県です。

新潟県はお仕事で一度だったかな？　行ったことがあります。私の所属するAKB48では昔、「選抜総選挙」というイベントがあり、その総選挙の開催地が新潟県の時があって。旅行ではないので好きなところやご飯を食べに行けたりする訳ではなかったのですが、ホテルの朝ごはんで出てきたお米がとてもおいしくて……。新潟県といえばお米というけど、本当にしっかり違いが分かるぐらいにおいしかったです。

私は食事をとる際に、お米とおかず、割合でいうと7対3ぐらいでお米を食べるんです。たまに白ご飯いらない、おかずだけでいい！　という方がいらっしゃって、すごいなあって思うんですよね。私は白ご飯がないとおかずだけでは食べられない人間です。皆様はどうですか？

新潟県「久保田」

今回飲んでみた日本酒は「久保田碧寿」です。

喉越しの軽やかな純米大吟醸酒で、ぬるめのお燗がこの酒の持ち味を最も感じられるとのこと。久保田のなかでも、しっかりとした味わいの辛口タイプだそうで、米と米麹以外一切使用していないそうです。キメの細かい辛口が口の中にすっと広がるのが特徴なんだとか。

おちょこに注いで口元に近づけると、香りが繊細。そしてとってもフルーティ。

一口飲んでみると、インパクト大！　どん！　と最初にくるのですが、後味はスッとしていて、習字でいうと「はらい」。「とめ」でもなく「はね」でもなく、はらい！　これは味の濃いおつまみや料理にも合うんじゃないでしょうか。

この日本酒は、ナスとキュウリのテンメンジャン炒めと合わせたい！　テンメンジャンは少しピリ辛なんですけど、そのピリ辛の風味が食欲も日本酒欲もそそりそうです。

大西さんの朗読動画はこちら☞

日本酒 DATA #23

都道府県：新潟県
酒　　蔵：朝日酒造（あさひしゅぞう）
酒　　名：久保田 碧寿（くぼた へきじゅ）
酒　　質：純米大吟醸（山廃仕込み）
使 用 米：五百万石
精米歩合：50%
アルコール度数．15度

◎山形県

出羽桜

≫飲みやすく初めての日本酒におすすめ

新年が明けました!! 皆様、いかがお過ごしでしょうか！

新年明けましておめでとうございます！ 嬉しいなあ～。

年が明けるとなんだか清々しい気分になりませんか？ 寒いのは苦手なんですけど、年始の寒さはなんだか気持ちいい寒さに感じるんですよね（笑）。

皆様はいつもどのような年始をお過ごしですか？ 年明けだからといってお休みがない方も多いですよね。本当にお疲れ様です。

私も芸能界でのお仕事を始めてから、年末年始はありがたいことにお仕事させていただく機会が増えて、昔のようにのんびりとはいかないのですが、ただ、お休みの日があるとやっぱり、こたつに入ってみかん食べながらお笑い番組を見る、っていうド定番なことをしたくなりますよね。そんな風に過ごしていると、なんだか時がいつもよりゆっくり流れるような気がして。あの感覚が大好きなんです。

休めない方もいらっしゃるとは思いますが、それぞれが心休まる年始になりますように。

あ、あと実はこのエッセイの連載用の撮影の時におみくじを引いたんです！ おみくじっていくつになってもワクワクして心ときめきますよね～！

結果は……「末吉」でした。私よく凶を引くことが多いのでまぁまぁな結果！ でも内容的には全て良くありませんでした……。

そんな結果を吹き飛ばすぐらい……いや肝に銘じながら結果を吹き飛ばすぐらい（笑）！ 今年も1年、頑張ることができたらいいな！

さて、エッセイ第24回、そして２０２３年1発目は山形県です。

山形県は多分行ったことがない……かな？ 山形県といえばさくらんぼですよね！ 以前もエッセイで書いたことがあるのですが、私、さくらんぼには少し特別な思い入れがありまして。

昔住んでいたおうちが割と敷地が広くて、お庭もめっちゃ広かったんです。田舎ならではですかね（笑）。そこに大きなさくらんぼの木があって。さくらんぼがなる季節になると脚立を用意して頂上に登って腰掛け、木になっているさくらんぼをそのまま取って食べていました。今思えば贅沢なことし

山形県「出羽桜」

でたな〜って思います（笑）。

祖母がまとめて取ってザルで洗ってくれた、ぴかぴかになったさくらんぼも大好きでした。またいつか昔やっていた贅沢食い、したいなあ〜。

今回飲んでみた日本酒は「出羽桜桜花吟醸酒」です。名前にもラベルにも桜が入っていて素敵。パッと明るくてお正月にピッタリですね。

この日本酒はフルーティな吟醸香、そしてふくよかな味わいが特徴だそう。

おちょこに注いで口元に近づけると、ふわっと優しく甘い、そして柔らかい香り。とっても香りがいいというか、口元に近づける前、びんの蓋を開けた時からいい香りがしていて、香りだけでも日本酒を楽しめる！

一口飲んでみると、香りとは裏腹に意外とスッキリ。淡麗さが感じられて重くなく、軽い口当たりでとっても飲みやすい。あんまりクセがないように思うので、初めての日本酒にもよさそう！

この日本酒には王道のお肴を合わせたい……。お刺身やカルパッチョ、白身魚をソテーにしてポン酢でさっぱりいただいたり……最高の組み合わせだと思います。

大西さんの朗読動画はこちら☞

日本酒 DATA #24

都道府県：山形県

酒　　蔵：出羽桜酒造（でわざくらしゅぞう）

酒　　名：出羽桜 桜花吟醸酒（でわざくら おうかぎんじょうしゅ）

酒　　質：吟醸酒

使 用 米：国産米

精米歩合：50%

アルコール度数：15度

◎山口県

東洋美人

≫一口の中に様々な印象があふれる大辛口

お正月気分もだんだん薄れ、日常に戻ってきましたね。いかがお過ごしでしょうか。

皆様は初詣に行きましたか？

私は年始に少し体調を崩してしまったので、実家にも帰らず一人で寝正月を過ごし、体調を治したらすぐに仕事も始まって……。だから初詣にもまだ行けてないんです。

初詣のあの雰囲気、好きなんですよね。おめでたい空気に包まれていて、みんな少しゆるやかで晴れやかな顔をしているような気がして。それを見るだけで、私も幸せな気分をおすそ分けしてもらえているような気がします。

あと、夏にお祭りがあって屋台があってっていうのは定番だけど、冬に屋台があるとまたちょっと印象変わりますよね！　焼きとうもろこしとか食べたいなあ～。

エッセイ第25回は山口県です。

山口県にはまだ行ったことがないんですけど、思い入れがある地なんです。っていうのも、小学生の頃、すごく仲のいいお友達がいたんです。色んな子と仲が良かったんですけど、その子とは特に仲が良くて、今思えば、初めての親友だったのかな？

その女の子が、奈良県から山口県に引っ越すことになって。離れ離れになってしまったんですけど、その頃はまだ携帯電話も持っていなかったので、お手紙でやり取りをしていました。月に1回か2回やり取りをして、山口県はどんな所か、何があるのか、どんなお友達ができたかをお手紙に書いてくれて。その文通が私にとってすごく楽しくて、毎月山口県からくるお手紙を楽しみにしていたのを覚えています。

今回飲んでみた日本酒は「東洋美人　純米吟醸 大辛口」です。

この日本酒は口に含むと豊かな旨みとほんのりとした果実香が鼻から抜けて、キレが良くドライな後口が特徴なんだそう。

大辛口……、楽しみです。

おちょこに注いで口元に近づけると、香りがとっっってもフルーティ。すごくしっかり香りがします。色んなフルーツの香りがする……。香りだけでも楽しめます。

一口飲んでみるとほんのり感じる優

しい甘さ。でもちゃんとしっかり辛口なんです。そして旨み。一口飲むだけで色んな印象がどっと来て面白い。特徴のキレもドライさも感じて、すごくおいしいです。辛口が好きな私はとても好きなお酒でした……。

この日本酒には和食を合わせたいなあ。肉じゃがとか、すき焼きとか！　おつまみでももちろん素敵だけど、しっかり和食でも合いそう！　合わせてみたいです。

大西さんの朗読動画はこちら

日本酒 DATA #25

都道府県：山口県

酒　蔵：澄川酒造場（すみかわしゅぞうじょう）

酒　名：東洋美人 純米吟醸 大辛口（とうようびじん じゅんまいぎんじょう おおからくち）

酒　質：純米吟醸

使用米：山田錦

精米歩合：55%

アルコール度数：16度

◎岡山県

嘉美心

≫ワインっぽさも感じる低アルコール日本酒

　2月になって冷え込みの厳しい日々が続いていますが、いかがお過ごしでしょうか。

　2月といえば節分ですね！　私、節分大好きなんです。特に恵方巻き!!　1年に1回だけですよね、あんなに贅沢に豪快に巻き寿司を食べられるの。あの無言で巻き寿司を頬張っている瞬間が私にとってとっても幸せで……。だから毎年節分がやってくるのが待ち遠しかったりするんです（笑）。

　だけど昔は、恵方巻きに入っている具材が少し苦手で。小さい頃はマグロだけの巻き寿司とか、サラダ巻きとかを食べていました。

　改めて調べてみると、恵方巻きの具材にもちゃんと意味があるんですね。

　恵方巻きに使われている具材のかんぴょう、キュウリ、伊達巻、ウナギ、海老、桜でんぶ、シイタケ煮。この7種類っていう数は、商売繁盛や無病息災を願う七福神に因んだもので、「福を巻き込む」と意味付けされるらしい！　初めて知りました！　素敵な理由があるんですね。皆様、知っていましたか？

　さて、エッセイ第26回は岡山県です。桃だ〜！　私の大好きな桃が有名な岡山県です！

　私は一度だけ全国ツアーで岡山県に行ったことがあります。岡山県には有名なものがたくさんありますよね。それこそ、きびだんごとか、桃太郎とか！

　私、名前が「桃香」って言うんですけど、小さい頃は実はこの名前が嫌だったんです。というのも、小学生低学年の頃、同級生の男の子達に「桃太郎〜！　桃太郎〜〜！」と呼ばれ、その頃は女の子なのに太郎って呼ばれるのが恥ずかしくて……。桃太郎って聞くと昔のことを思い出すんですよね。

　今はそれも可愛かったなあ〜といい思い出です。桃太郎、可愛いですよね！　今なら「桃太郎」ってあだ名で呼んでもらっても、ウェルカムです（笑）！

　今回飲んでみた日本酒は「嘉美心　木陰の魚」です。なんだかとってもおしゃれなお名前とラベル。見た目だけだと日本酒というよりかはおしゃれな洋酒に見えます。これはお家に飾れば

岡山県「嘉美心」

映えますね！

　この日本酒はフルーティな甘酸っぱさの中にもまろやかさを持った味わいの、新感覚の純米酒だそうです。そしてアルコール度数が８％。珍しいですよね！　日本酒にしては度数が低めなので少しお酒が弱くても飲めそうですね。

　おちょこに注いで口元に近づけると、なんだか今までの日本酒とは違う香りがふわっと広がります。なんの香りだろうと思い一口飲んでみると、いい意味で日本酒感がない！　日本酒というより、少しワイン味があって面白い。爽やかでアルコール度数も低いから飲みやすい。調べてみると香りはあんずの香りみたいです。

　この日本酒、なんと世界中の女性ワイン専門家が選ぶユニークな国際ワインコンクール「フェミナリーズ 世界ワインコンクール２０２２」で金賞を受賞しているそうです。なんだか納得！

　この日本酒はご飯に合わせるというよりかは、デザートに合わせたらいいんじゃないかなと思います。私はフルーツのたっぷり入ったゼリーと合わせたいなあ。日本酒好きな方もそうでない方も、一度飲んでみてほしい日本酒です。

大西さんの朗読動画はこちら☞

日本酒 DATA #26

都道府県：岡山県
酒　　蔵：嘉美心酒造（かみこころしゅぞう）
酒　　名：嘉美心 木陰の魚
（かみこころ こかげのさかな）
酒　　質：純米酒
精米歩合：70%
アルコール度数：8度

◎神奈川県（いづみ橋）

≫優しい印象でゆるっといけちゃう

2月も半ばになりましたが、まだまだ寒い日々が続いていますね。いかがお過ごしでしょうか。

暦の上では立春も過ぎて、春の季節が始まっているのに……。早く暖かい日々が来てほしいものです。ただ、私は花粉症でもあるので、春は早く来てほしいけど……、色んな気持ちが葛藤しています（笑）。

そういえば先日は、バレンタインデーでしたね。ハッピーバレンタインです！　皆様はチョコレート、作ったりプレゼントされたりしましたか？

私は普段チョコレートを食べる機会があんまりないんですけど、お店で売っている宝石みたいにキラキラしたチョコレートを見ると、いいなあ～ってワクワクした気持ちになります。

昔は私もたくさんチョコを作っていたけど、この年齢になるとご褒美として自分へのチョコを買ってみたいなって思うようになりました。最近だと本当にたくさんの種類のチョコレートがありますよね！　赤いチョコレートでコーティングされたハートのチョコとか、宇宙みたいなチョコレートとか。見るだけでワクワクするようなものもいいけど、シンプルな生チョコとかトリュフチョコが大好きなんです！　とろっとした舌触りと優しい口当たりが好きなんですよね～。皆様はどんなチョコがお好きですか？

さて、エッセイ第27回は神奈川県です。

神奈川県はお仕事でよく行く場所です！　私の所属しているAKB48チーム8の全国ツアーファイナルも神奈川県だったんですよね。そして2023年4月に行われたチーム8の9周年、さらに活動休止コンサートも神奈川県にあるぴあアリーナMMで行われました！

こんな風にコンサートや握手会、イベントなどでよく行っていました。

神奈川県、お仕事では行くけどプライベートでは行ったことがなくて。でも行ってみたい場所はたくさんあるんですよね～！　みなとみらい、横浜赤レンガ倉庫、横浜中華街！　全部行ってみたいけど、この中で今一番行きたいのは横浜中華街！　もしかして、今お腹すいてるからですかね（笑）。

小籠包に肉まん～。調べてみると、

神奈川県「いづみ橋」

食べ歩きのできるフカヒレスープとか北京ダックもあるみたいですね！　最近あんまり食べ歩きしてないな〜。今度機会があったらプライベートで行ってみたい！

今回飲んでみた日本酒は「いづみ橋　とんぼラベル　雄町　生もと純米吟醸」です。

この日本酒は、神奈川県海老名市の自社田で健康的に育てた雄町米を使用し、低温発酵で醸したお酒だそうです。

瓶も黒色で、ラベルは黒と銀。大きく可愛らしいトンボが描かれています。黒色と銀色は個人的に好きな色なので、お部屋に飾っておきたいなって思っちゃいます！

おちょこに注いで口元に近づけると、少しにごった甘い香り。一口飲んでみると、口の中にふわっと優しく甘さが広がります。口当たりが軽い。お米の旨みももちろんあるけど多すぎないので、印象は優しく、ゆるっと結構いけちゃうような気がします。

私、今、常温で飲んでるんですけど、あったかくしてぬる燗（40度）、熱燗（50度）で飲むともっと良さそう！

この日本酒にはタコとか合いそう！　酢の物のタコとか、タコのお刺身とか！　タコ大好きなんです！

優しい日本酒なので、濃すぎず薄すぎず、食感も楽しめるタコと合わせたいなあ。

大西さんの朗読動画はこちら☞

日本酒 DATA #27

都道府県：神奈川県
酒　　蔵：泉橋酒造（いずみばししゅぞう）
酒　　名：いづみ橋 とんぼラベル 雄町 生もと純米吟醸（いづみばし とんぼらべる おまち きもとじゅんまいぎんじょう）
酒　　質：純米吟醸
使 用 米：海老名産雄町
精米歩合：50%
アルコール度数：16度

◎千葉県（五人娘）

≫米の旨み強め、でも後味は優しく抜けていく

3月を迎え、春まだ浅きこの頃ですが、いかがお過ごしでしょうか。

2023年に入ってもう2か月過ぎたのか……、早いですね。って本当に毎月のようにこんなことを言っている気がします（笑）。

あと5、6回ぐらい寝たら、もう年越すんじゃないかってレベルで時が過ぎるのが早い！

この時期になるとたけのこがおいしいですよね。私たけのこ大好きなんです！

たけのこご飯とか、たけのこの土佐煮とか！　祖母とか母が作ってくれていたのがとってもおいしかったんですよね。いつか自分でも作れるようになりたい！

なんか道を歩いているとわりかし生えてません？　たけのこ。実家の近く、そんなに田舎ではないんですけど、散歩とかしてるとたけのこ生えてるんですよね（笑）。

普通に生えてるから「これって食べられるのかなあ？」とか考えてました。いつか自分の山とか持てるようになったら、たけのこ狩りしたいな！　夢はおっきく！　ですね（笑）！

さて、エッセイ第28回は千葉県です。前回の神奈川県から関東続きですね。

千葉県も前回の神奈川県同様、お仕事でたくさんお邪魔させていただいています！　でも千葉県はプライベートでも行ったことがあって！

東京ディズニーシーです！　メンバーに誘ってもらって、人生で2度遊びに行きました。まだ東京ディズニーランドの方には遊びに行ったことがないんですよね。行ってみたい！

あと、お仕事でになってしまうんですけど、食べ歩きもしたんです！　なんだか前回から食べ物の話ばっかりですね（笑）。成田山新勝寺へ続く参道で食べ歩きロケをしました。

私は餡子が少し苦手なんですけど、そんな私でも食べられるとってもおいしい大判焼き屋さんがあったり、顔より大きなお煎餅など、色んな種類のお煎餅を売っているお店があったり！

あとロケの都合上食べられなかったけど、おいしそうなうなぎ屋さんがたくさんあったのを覚えています。お店の前を通るだけでいい香りがしてて……。思い出しただけでもお腹がすいてきました（笑）。

今回飲んでみた日本酒は「五人娘純米吟醸酒」です。

この日本酒は上品な味わいで、芳醇で旨みのある吟醸酒だそう。吟醸酒は、香りによって「ハナ吟醸」と「味吟醸」に分けられるのですが、こちらは味吟醸で、奥深い味わいも楽しめます。アルコール度数は13度と抑えめ。やわらかな口当たりが特徴だそう。ラベルの紙質がかっこいい！

おちょこに注いで口元に近づけると、なんだかスッキリした香り。一口飲んでみると、ぐんっと米の旨みがくる印象。そのあとは優しく奥へ抜けて広がっていく感じ。

初めは味が少し濃いめなのかな？と思ったんですけど、後味が優しく抜けていくからなんだか新感覚！

アルコール度数は他の日本酒よりも控えめだけど、しっかり日本酒としての印象を残してくれているような気がします。

この日本酒は、ピリ辛のキュウリと合わせたいです。あっさりめだけどサラッとしていて、そこに唐辛子を少し載せて辛めのアクセントがあると、よりこの日本酒が進みそう。

大西さんの朗読動画はこちら☞

日本酒 DATA #28

都道府県：千葉県

酒　　蔵：寺田本家（てらだほんけ）

酒　　名：五人娘 純米吟醸酒
（ごにんむすめ じゅんまいぎんじょうしゅ）

酒　　質：純米吟醸

使 用 米：美山錦

精米歩合：60%

アルコール度数：13度

◎埼玉県（神亀）

≫キレ味鋭い辛口、熱燗がおすすめ

だんだん暖かくなり、桃のつぼみも膨らみ始める季節になりましたが、いかがお過ごしでしょうか。

冬物のコートもしまい、暖かくなってきたことは嬉しいですが、やっぱりこの季節は花粉が大変ですね。私は昔から花粉症なので、最近は鼻のムズムズや目の痒みと戦っております。

ただ、やっぱり暖かいのは嬉しい！ 晴れていればなお嬉しい。昔から日向ぼっこが大好きで、この時期に窓際にいるとぽかぽかして幸せな気持ちになれるんですよね。人前に立つ仕事をし始めてからは、なんとなく紫外線を気にして日に当たることを避けるようにしてきましたが、日向ぼっこの気持ちよさには敵いません。次に日向ぼっこする時は、日焼け止めをばっちり塗ってからぽかぽか暖まろうと思います（笑）！

昔、実家の縁側でずーっと日向ぼっこしていたなあ。皆様は日向ぼっこする時のお決まりの場所とかありますか？

さて、エッセイ第29回は埼玉県です。またまた関東！ 埼玉県もお仕事でよく行く県です。特に思い出に残っている場所は、さいたまスーパーアリーナですかね。

AKB48チーム8がファンの方の前で初めてお披露目されて挨拶したのが、さいたまスーパーアリーナのステージだったんです。あの時は自分の名前を言うだけの簡単な自己紹介だったけどすごく緊張して、いざステージに立ってみると今まで自分が過ごしていた場所より何百倍も広くて、サイリウムでキラキラしていて、たくさんの人がいて。迫力とかその場の空気感に感動して、うわあ~ってほわほわしていました。懐かしいです。

私、人生で誰かのコンサートに行ったことがなくて、初めてのコンサートが自分の立つコンサートだったので、「これがコンサートかあ……」と感動したのも覚えています。

そこからずっと立つ側でやってきていて、実はまだコンサートに見に行く側として会場に足を運んだことがないんです。いつかのとっておきのためにとっておこうと思います！

今回飲んでみた日本酒は「神亀 手

埼玉県「神亀」

造り純米酒 辛口」です。やったあ！辛口だ！

この日本酒は酒造好適米を60%まで精米して仕込む「神亀」の中でスタンダードな辛口純米酒だそうで、熟成された旨みとボリューム感がありつつ、口の中でふわっと溶けてなくなるような味わい。キレ味が鋭いため、クドさを感じさせないのが特徴なんだそう。

あと、燗酒にするのがおすすめだそうです！ せっかくなので私も温めて飲んでみます。

熱燗（50度）にした神亀をおちょこに注いでみると、色が少し黄みがかっています。口元に近づけると、熱燗ならではの熱気とアルコール感が鼻の奥に抜けていきます。一口飲んでみると口の中でコクがぼわっと広がり、飲み込んだ瞬間くっと喉でキレを感じます。そしてスーッと消えていく。辛口だけど程よい辛さで飲みやすい。

久しぶりに日本酒を熱燗にして飲んだのですが、すごく合う。寒い冬でもこれを温かくして飲めば、体も芯から温かくなると思います。

この日本酒にはホタテのバター醤油炒めを合わせたい。バター醤油の濃厚かつしょっぱい味付けと、温かくした神亀、きっと合うだろうなあ。

大西さんの朗読動画はこちら

日本酒 DATA #29

都道府県：埼玉県
酒　　蔵：神亀酒造（しんかめしゅぞう）
酒　　名：神亀 手造り純米酒 辛口
（しんかめ てづくりじゅんまいしゅ からくち）
酒　　質：純米酒
使 用 米：酒造好適米
精米歩合：60%
アルコール度数：15.5度

◎京都府

玉乃光

≫フルーティでどこかお上品。食中酒にぴったり

新年度がスタートしました！　いかがお過ごしでしょうか。

桜の花が今だといわんばかりに咲き誇っていますね！　とっても綺麗です！　と言いたいところですが、このエッセイを書いているのはまだ少し寒い時期で……（笑）。

このエッセイがアップされる頃には桜が綺麗に咲いているのかと思うと、ワクワクします。

桜ってやっぱり心が晴れやかになりますよね。季節ごとに咲く花はいっぱいあるけど、桜は見ているだけでワクワクするんですよね。新年度ということもあってなんでしょうか？

新年度といえば入学式！　学生時代で一番ワクワクするものですよね。あのドキドキ、青春って感じ。もう一度味わいたい！　入学式では少しサイズが大きめの新しい制服を身にまとって、大人になった気分で。なんだかフワフワした気分で、でも目に見えるもの全てがキラキラしているような気がして。周りのお友達の制服姿を見るのも楽しくてウキウキしちゃいませんか？

私は今まで制服でセーラー服を着たことがなかったので、すごく憧れがありました！　ずっとブレザーだったんです。ブレザーももちろん可愛いんだけど、セーラー服のあの尊い感じが……現役時代に着てみたかったなぁ～（笑）。

あと私の好み的に、男性もブレザーより学ラン姿がとても良いと思っています！　学ランっていいですよね！　私も学ラン好きで持ってます（笑）！

さて、エッセイ第30回は京都府です。

京都は奈良のお隣さんです！　実はこのエッセイを書いている今、実家に帰る途中でちょうど京都にいるんですよね、偶然！　さっき新幹線を降りたら外がとっても寒くて震えてしまいました（笑）。

こんな風に奈良から東京に行く時に京都で乗り換えるので、京都にはよく行っています。

あとは家族で京都水族館に行ったり、京都駅の周辺をウロウロしてみたり、プライベートでも行ったりすることがあります。

京都水族館の入口辺りにウツボさんがいるんですけど、最初背景と同化しすぎてて母は岩だと思っていたらしく、

京都府「玉乃光」

ウツボだと分かった瞬間とっても驚いていて面白かったのを覚えています。あとたくさんペンギンがいて！　一匹一匹にちゃんと名前もついていて。初見では違いがあまり判断できず、どれがどの子か分からなかったんですけど、あの子たちを全員判別できる飼育員さんはすごいなあって思いました！　愛ですよね。

　今回飲んでみた日本酒は「玉乃光 純米大吟醸 備前雄町100%」です。

　この日本酒はフルーティな吟醸香とともに味わい深い、飲み飽きしないお酒だそうで、気品ある華やかな香り、雄町米特有のふっくらと厚みある味わい、喉から胃にすべり落ちる滑らかさが特徴なんだそうです。

　おちょこに注いでみると綺麗な透明。口元に近づけると優しく穏やかな、そしてフルーティな香りがします。さっぱり系のフルーツのいい香り。

　一口飲んでみると軽い。旨みと甘みがしっかり口に残るけどなんだかお上品。そしてなんだか苦味も感じます。キレもあって喉をスッと通っていく感じ。

　この日本酒は冷たくして、食事と合わせるといいかも。おつまみもいいけど、食事と合わせていただくと進みそうですね。レバニラ定食とか……？　今度合わせてみよっと！

日本酒 DATA #30

都道府県：京都府

酒　　蔵：玉乃光酒造（たまのひかりしゅぞう）

酒　　名：純米大吟醸 備前雄町100%
（じゅんまいだいぎんじょう びぜんおまち100%）

酒　　質：純米大吟醸

使 用 米：雄町

精米歩合：50%

アルコール度数：16度

大西さんの朗読動画はこちら☞

大七
頌歌

六十餘洲
純米酒 山田錦

純米酒 山田錦
六十餘洲

大西桃香の日本酒Q&A #3

Q. 大西さんが居酒屋を開くとしたら、看板メニューは何にしますか？

A. 牛丼とエリンギバター！
牛丼は私がすごく好きな食べ物なんですけど、〆に食べられたらいいな〜と思って！
エリンギバターは純粋に大好きなので提供したい……！

**Q. 家飲みはしますか？
する場合、どんなおつまみを用意しますか？**

A. 基本家飲みです！　あまりおつまみはいらないタイプなので、もし食べるならお家にあるお菓子とかを食べたりします！

Q. 一緒に飲むならどんな人がいいですか？

A. どんな私を見ても受け入れてくれる人！

Q. 「あぁ、お酒が飲みたい！」と思う瞬間はどんな時ですか？

A. 明日がお休みの日の夜や、疲れた時や、ひとつのお仕事を終えた時に飲みたくなります！

Q. 今までで一番「うまい！」と感じたお酒はどんな時のお酒ですか？

A. 休みがずっとなくてお酒が飲めなくて、ようやく明日お休みだ！　って日に飲んだお酒は、解放感に満ち溢れていて美味しかったのを覚えています……！

◎東京都（澤乃井）

≫しっかり辛くて日本酒の旨みも◎、すっきり飲める

4月とはいえ、汗ばむような暖かい日が多くなってきましたが、いかがお過ごしでしょうか。

もう日々のダンスレッスンでは半袖がちょうどよくなってきたり、上着を羽織らなくても寒くなかったりして嬉しい限りです！　るんるんです♪

4月になると桜が咲いて、食べ物も飲み物も「桜味」が増えますよね。

このエッセイを書いている今、桜ドーナツを食べています！　普段、桜味のものを食べたり飲んだりしないのですが、おいしいですね！

桜味……。奥が深いですよね。桜そのものを食べたことがないから桜味ってなんだ？　ってなるのが正直なところではあるのですが、なんとなく「確かに桜だ」ってなるんですよね。食べたことないのに（笑）。

私のまわりにいるメンバーにも桜味のものに目がない子達が結構多いんですよね。

「華やかな桜の香りがして、綺麗って思うのと同時に散ってしまうんだなという寂しさも感じ、それを口の中で感じることができるのが桜味の魅力。素敵です」と、今隣にいる同じＡＫＢ48チーム8滋賀県代表の濵咲友菜ちゃんが言っています。なるほど。やっぱり桜味は奥が深いですね。

さて、エッセイ第31回は東京都です。

おお！　ついに東京がきましたね！

ＡＫＢ48の活動拠点でもある東京にはたくさん思い出があります。今でこそ東京に住んでいますが、ＡＫＢ48に加入して6年ほどは地元の奈良県から通っていて、ホテルで暮らしていました。

元々お仕事で来るまでは東京に来たことがなくて、お仕事で来る度、合間の時間があればメンバーとよく観光に行っていました。

最初の頃よく行っていたのは、ダントツで原宿！　Ｔｈｅ東京って感じがする竹下通りに遊びに行っていました。

行くと大体遊ぶ場所は決まっていて、激安の雑貨屋さん、プリクラ、お洋服屋さん、クレープ屋さん。この辺に一通り行って帰るっていう感じでした。原宿には面白いものがたくさんあって、当時目をキラキラさせて見ていたものは、カラフルで顔よりも大きい棒付きの綿菓子！　自分で好きな色を何種類も選べたりして、あの綿菓子こそ原

東京都 「澤乃井」

宿！　都会！　って感動したのを覚えています。

最近はお仕事がある時しか原宿に行くことがなくなったので、近々またメンバーと行きたいなあ！

今回飲んでみた日本酒は「澤乃井 純米 大辛口」です。東京都の日本酒……気になります。

この日本酒は澤乃井の定番酒できっちりとしまった飲み口、キレの良い本格的な辛口なんだそう。

おちょこに注いで口元に近づけると、爽やかで優しさを感じる香り。一口飲んでみるとおいしい！　しっかり辛い！　なんだか甘さがいない。

日本酒の辛口って色んな辛さがあるように感じるけど、ちゃんと辛くて喉越しも良くしっかり日本酒の旨みもある。すっきり飲める。また飲みたいし、お友達にもプレゼントしたいって思えちゃうお酒です！

この日本酒はどんな料理でも合うと思います！　お互いの良さを邪魔することなく引き出してくれる。これなら夜ご飯のおともに、毎日でもいけちゃいそう。ぜひ飲んでみてほしいです！

大西さんの朗読動画はこちら

日本酒 DATA #31

都道府県：東京都

酒　　蔵：小澤酒造（おざわしゅぞう）

酒　　名：澤乃井 純米 大辛口（さわのい じゅんまい だいからくち）

酒　　質：純米酒

使 用 米：こしいぶき

精米歩合：65%

アルコール度数：15度

◎長野県（真澄）

≫香りと味で印象が変わる二面性のあるお酒

新年度が始まってはや一か月、木々の緑もだんだんと色濃くなってきましたが、いかがお過ごしでしょうか。

今はちょうどゴールデンウィークの時期ですかね？　皆様、ゆっくりゴールデンウィークを過ごせていますでしょうか？

ゴールデンウィークって、少し遠出をしたい気持ちになりますよね。

私、潮干狩りに行ってみたいんです！　人生でまだ行ったことがないんですけど、この時期になるとテレビで潮干狩りをするファミリーを見ることが増えて、羨ましいな～って思ったりします！　小さいお子さんはプラスチックの可愛いシャベルで砂を掘ってたりしますよね。あの姿がなんとも愛おしい……。

あと単純に海が好きなんですけど、海水浴以外の目的で海に行ったことがなくて。潮干狩りだとまた違った海の楽しみ方ができると思うから、いつか行ってみたいなあ。

さて、エッセイ第32回は長野県です。

長野県はお仕事のロケでお邪魔したことがあります！　おいしいものたくさんですよね。信州そばだったり、フルーツもたくさん！

中でも、私がロケで行ってめっちゃ感動した食べものは「冷やし中華風ところてん」です！

味とか、麺の上にのっている具材とかは冷やし中華なんですけど、麺がところてんなんです。初めて見た時は、冷やし中華なのに麺が透明でびっくりしたんですけど、食べてみたらめちゃくちゃおいしい！　すっきりつるっと食べられて、もちろん通常の冷やし中華も大好きなんですけど、ところてんの冷やし中華を食べると沼にハマってしまいます……。皆様にも是非食べてみてほしいです！

今回飲んでみた日本酒は「真澄 辛口生一本」です！　ラベルが黒と金と赤で高級感があって、なんだか重みを感じます。かっこいい！

この日本酒はフルーティな香りで口に含むと柔らかな甘みが広がり、中盤から後半にかけて心地よい苦味のニュアンス、そしてすっきりしたキレのある余韻。華やかな香りとドライな味わいが特徴なんだそう。

長野県「真澄」

おちょこに注いで口元に近づけると、なんだかすっきりとした優しい香り。香りから透き通るような色を感じました。一口飲んでみると口の中にふわっと広がるお米の旨み。柔らかい甘みとすっきり優しい辛口。さっきまで感じていた色が変わって、重い暖色的な印象に変わりました。同じ日本酒でも香りと味で二面性を感じるようなお酒だなと思いました。

このお酒は、サクッと食べられる山菜の天ぷらに合わせてみたいなあ。少し時期は過ぎたけど春の山菜とか。このエッセイを書いている今は、実はまだ春真っ最中なので、スーパーで旬の山菜を買って作ってみようかな！

大西さんの朗読動画はこちら

日本酒 DATA #32

都道府県：長野県

酒　　蔵：宮坂醸造（みやさかじょうぞう）

酒　　名：真澄 辛口生一本（ますみ からくちきいっぽん）

酒　　質：純米吟醸

使 用 米：長野県産美山錦、長野県産山恵錦、兵庫県産山田錦

精米歩合：55%

アルコール度数：15度

◎大阪府

〔秋鹿〕

≫さっぱり、すとんと落ちてくるような後味

穏やかで過ごしやすい季節になりましたが、いかがお過ごしでしょうか。

今ぐらいの気温というか、この時期の気候がとっても好きなんですよね。暑くも寒くもなく心地よい風が吹いていて、緑の葉が揺れているのを見ると心がすっとするような気がします。

今、とってもピクニックに行きたいです！　桜が綺麗な季節にお花見で行くものいいけど、緑の葉が綺麗な今行くのもいいですよね。久しく、レジャーシートを敷いてそこでご飯食べたり〜とかしてないなあ。小学生の頃は遠足とか行くと必ずレジャーシートを敷いてお弁当を食べたりしていましたよね。懐かしい。外で食べるご飯はもちろん、母に作ってもらったお弁当を食べるとよりおいしく感じます。家族でピクニック行きたいなあ〜！

さて、エッセイ第33回は大阪府です。

私の地元、奈良県のお隣なので、実家に住んでいた時は頻繁に遊びに行っていました。学生の頃よく友達と行っていたのは、「スイーツパラダイス」という、色んなスイーツやパスタ、カレーが食べ放題の楽園です！　私は高校生の頃に初めて行ったんですけど、お店の内装もとっても可愛らしくてキラキラしていて、すごく感動したのを覚えています。

あとは心斎橋、梅田、難波にも遊びに行ったり、家族とは四條畷《しじょうなわて》にあるイオンにも車でよく遊びに行っていました。奈良にもイオンはあるんですけど、イオンが好きすぎてわざわざ大阪のイオンにも行っていたんですよね（笑）。

四條畷のイオンに行った時の楽しみは、フードコートにあるフルーツジュースのお店で自分と母の分のジュースを買うことと、ジェラートを買うこと！　なんかとってもおしゃれなジェラート屋さんがあったんですよねえ。2種類味を選んで買っていたんですけど、母と「どれにする〜？」って悩んでる時間が楽しかったです！

今回飲んでみた日本酒は「秋鹿　純米大吟醸　生酒」です。

この日本酒は辛口タイプのキレのある酒質に、しっかりと山田錦の旨み、飲み応えのある上質な味わいが特徴なんだそう。

おちょこに注いで口元に近づけると、

大阪府「秋鹿」

スッキリした香り。私の中で純米大吟醸はコクのある甘い香りがする印象なのですが、このお酒は鼻にすっと抜ける爽やかな香りがします。

一口飲んでみるとさっぱり飲みやすい。そしてほのかに甘さを感じます。口の中で感じるしっかりとしたお米の旨み。かといって全くしつこくなく、すとんと落ちてくるような感じ。

この日本酒にはお刺身を合わせたいところですが……今の気分的には焼き鳥と合わせて食べたいなあ。

基本なんでも合うと思うんです。どんな料理でも引き立たせてくれそうなんですけど、今は焼き鳥の気分。たれのねぎまと一緒に……想像しただけで満たされる（笑）。

大西さんの朗読動画はこちら☞

日本酒DATA #33

都道府県：人阪府
酒　　蔵：秋鹿酒造（あきしかしゅぞう）
酒　　名：秋鹿 純米大吟醸 生酒
（あきしか じゅんまいだいぎんじょう きざけ）
酒　　質：純米大吟醸
使 用 米：山田錦
精米歩合：50%
アルコール度数：16度

◎北海道（国士無双）

≫香りからも風味からも北国を感じる！

そろそろ梅雨の時期ですね。いかがお過ごしでしょうか。

6月2日。もう梅雨入りはしていますでしょうか？　このエッセイを書いている今は春の花粉に悩まされている頃なので、今日が梅雨入りしているのかは分からないのですが、もう連日雨続きなんでしょうか。通常だと梅雨は5月末から7月初旬にかけて訪れますよね。

雨の日に外に出るのは少し憂鬱になってしまうこともありますが、お休みの日に雨音を聞くのは好きだったりします。なんだか落ち着くんですよね。皆様は梅雨の時期にお休みがあると、何をして過ごしていますか？　雨だとお出かけも難しかったりしませんか？

車があったら、雨の日のドライブも素敵ですよね。私は免許を持っていないのでできないですが、雨でもドライブをすると心は晴れそう！　目的地を決めず、なんとなくコンビニに寄って肉まんとかアメリカンドッグとか買って車内で食べたり……。車の免許取りたい!!

さて、エッセイ第34回は北海道です。

北海道！　私がずっと行きたいと口にしている場所です。北海道はお仕事で行ったことがあって、その時に食べたお寿司のお魚の、あのおいしさが忘れられなくて……。他にもおいしいものがたくさんありますよね！　味噌ラーメンやジンギスカンのイメージがあります。

あと、ずっと行ってみたいのがさっぽろ雪まつり！　たくさんの雪の像が展示されているんですよね。テレビや写真で見ると、その像が本当に立派でクオリティが高くて。私は奈良に住んでいたので雪が積もることが滅多になくて、かまくらを作るのが夢だったんです。そんな私からすると、雪まつりに展示されている像がもう幻のように感じて。いつか絶対に行ってみたい！

今回飲んでみた日本酒は「大吟醸酒国士無双」です。

この日本酒は北海道産酒造好適米「彗星」を使用し、芳醇な吟醸香と旨みがありながらキレの良い飲み口の、淡麗辛口酒だそうです。

おちょこに注いで口元に近づけると、北国を想像できるような香り。澄んだ

北海道「国士無双」

空気をすっと全身で感じるような香りというか……。

一口飲んでみると大吟醸ならではのお米の甘みと旨み。そして少し涼しさを感じます。一口、二口と飲む度に、口の中に風味が残ってきて。まるで雪がだんだんと降り積もるよう。この日本酒だけで北海道を感じることができるような気がします。飲み飽きしない、素敵な日本酒です。

この日本酒にはお鍋を合わせたいなあ。少し季節は違いますが、こたつに入って温かい水炊きとか、北海道なので贅沢にカニ鍋とか。お鍋に合わせて上燗（45度）や熱燗（50度）で飲むのもいいなあ。

日本酒DATA #34

都道府県：北海道
酒　　蔵：髙砂酒造（たかさごしゅぞう）
酒　　名：大吟醸酒 国士無双
（だいぎんじょうしゅ こくしむそう）
酒　　質：大吟醸
使 用 米：北海道産彗星
精米歩合：40%
アルコール度数：15度

大西さんの朗読動画はこちら

◎香川県

（川鶴）

≫香りの印象から一変、どっしりとした甘み

雨粒をのせた色んな色の紫陽花が可愛らしい時期になりましたが、いかがお過ごしでしょうか。

そういえば2023年ももう今月で上半期が終わりなんですよね。早いです。私、2023年上半期で一つ成長したことがあるんです。それは「バス」に乗れるようになったこと！

今までプライベートでの移動は大体電車かタクシーで、お仕事の時はいわゆるロケバスと呼ばれるものに乗って移動していて、街でぐるぐると走っている路線バスにはあまり乗ったことがなかったんです。乗ったとしてもお友達や家族が一緒にいて一人で乗ったことはなくて。

5月のある日、お仕事の合間に何して時間潰そうかなって時に、たまたま目の前にバス停があって。なんだかワクワクして「乗ってみちゃおうかな!?」って気持ちになって（笑）。

乗り方がよく分からなかったので後ろら辺に並んで、前の方の乗り方を見て真似して……。そこからはもうバスの虜です！　元々ドライブが大好きなので、バスに揺られて外を眺めている時間はすごく心が落ち着いて。

最近はバスに乗れるタイミングがあればバスで移動するようになったぐらい、ハマっています！

さて、エッセイ第35回は香川県です。

香川県といえば、おうどんですよね～！　私、おうどん大好きなんです。

幼少期の頃からお家でおうどんを食べることが多くて、母は色んな種類のおうどんを作ってくれたんです。けど、私はその当時、ごはんに何かかかっているのがあまり好きじゃなくて。おうどんも、お汁と麺だけの素うどんが大好きだったんです。だからお揚げさんが載ってたりお肉をいれてもらってたりしても、具は全部母にあげて、麺だけをすすって食べていました。

今は大人になって、具がたくさん入っているおうどんが大好きです！　濃く味のついた牛肉にネギと生卵をいれたぶっかけうどんが最近のブームです。

今回飲んでみた日本酒は「川鶴 Light ―さぬきオリーブ酵母仕込み― 純米吟醸」です。

日本酒の名前に英語が入っていたり、オリーブ酵母が入っていたりなんだか

香川県「川鶴」

洋風っぽくておしゃれですね！　この日本酒はオリーブ酵母が引き出した豊かな旨みの滑らかさと、清々しいフレーバーの調和が爽やかに楽しませてくれるお酒だそうです。

　おちょこに注いで口元に近づけると、ふんわり甘い果物のような香り。純米吟醸だけど甘すぎない、重くない印象です。

　一口飲んでみるとすごくどっしりとした甘みが！　香りと印象が違う！　軽いか重いかでいえば重いし、甘みもある方だと思うけど、嫌な感じは全くなくてとっても美味しい！　後味はしっかり締まる感じがして、ずっとおいしく飲めそう！

　この日本酒は、あっさりとかまぼこと合わせたいなあ。私、いつもはかまぼこにお醤油とわさびをつけて食べるのが好きだったりするんですけど、これはそのままのかまぼこで。日本酒の香りや味を引き立たせてくれそう！

（編集部注：今回取り上げた「川鶴 Light ―さぬきオリーブ酵母仕込み― 純米吟醸」は現在終売しています。リニューアルした商品の「KAWATSURU Light ～さぬきオリーブ酵母仕込み～」が数量限定商品として春から夏にかけて発売されます。お買い求めの際はこちらをお選びください）

大西さんの朗読動画はこちら☞

日本酒 DATA #35

都道府県：香川県

酒　　蔵：川鶴酒造（かわつるしゅぞう）

酒　　名：川鶴 Light ―さぬきオリーブ酵母仕込み― 純米吟醸（かわつる らいと さぬきおりーぶこうぼじこみ じゅんまいぎんじょう）

酒　　質：純米吟醸

使 用 米：さぬきよいまい

精米歩合：58%

アルコール度数：14度

◎静岡県

「初亀」

≫玉露のような繊細さと儚さ

可愛らしい短冊がついた笹の葉を色んな場所で見かけるようになりましたが、いかがお過ごしでしょうか。

２０２３年、下半期が始まりましたね！ 悔いのない下半期を過ごしていこうと思います！

もうすぐ七夕があったり、７月といえば海開きかな〜と考えていたんですが、他になにかイベントあったかな？ と思い調べてみると「山開き」というのがあるんですね！ 海開きはよく耳にするけど、山開きは初めて知りました！

山開きとは、毎年日程を決めて一般の人に登山を許すことらしくて、富士山の山開きだと、山梨県側が７月１日頃からで、静岡県側が７月10日頃からとなり、９月10日頃に閉山されるそうです！ 知らなかった〜！

山登りでいうと、一度だけ東京の高尾山という山にお仕事で登ったことがあったのですが、とっても気持ちがいいけどだいぶ体力を使いますよね。ただ、自然だったり、登りきったあとの達成感だったり、また登ってみたいなあとも思うのですが……、体力つけてからまたいつか！ ですね（笑）。

さて、エッセイ第36回は静岡県です。

静岡県は昔回っていた全国ツアーで行きました！ 静岡県といえば有名なのは茶畑ですよね。全国ツアーの本番の朝、ホテルの朝食バイキング会場に行ったんですけど、そこで出てきたお茶がものすごくおいしくて！ 緑茶だったかな？ 透明の容器に入っていて飲み放題だったんですけど、おいしすぎてたくさんおかわりしちゃった思い出があります（笑）。

あと、他のお仕事で静岡県に行った時、昼食で寄ったご飯屋さんがところてん食べ放題で！ 静岡県はところてんが有名なのかな？ 黒蜜と酢醤油を選ぶことができて、どっちも食べたんですけどめっちゃおいしい！ どっちもおいしかったけど、私は甘酸っぱい酢醤油が好きでした！ 皆様は食べたことありますか？ どっち派ですか？

今回飲んでみた日本酒は「初亀 大吟醸純米 瓢月」です。瓶が全てラベルで覆われているタイプはあまり見たことがなかったので新鮮です！ 字体だったり、白と赤の色合いが可愛らし

静岡県「初亀」

いですね。

　この日本酒は、玉露のように繊細で優しく奥深い吟醸酒で、豊かなコクと風味、華やかで洗練された香りが特徴なんだそう。

　おちょこに注いで口元に近づけると、爽やかな甘みのあるフルーツっぽさを感じる。一口飲んでみると、口当たりは優しく、ほんのりとした優しい甘さが口の中に広がります。喉にキリッとしたキレを感じ、後味は淡い感じがしてすっと抜けていく。

　大吟醸のなかで、こうやって日本酒の旨みをしっかり味わえつつも、すっきりと抜けていく繊細さ。色んなお茶の中で、玉露って繊細さとか儚さを感じられるお茶だと思っているんですけど、それを日本酒でも感じられて、お茶が有名な静岡県ならではなのかなと思いました。

　この日本酒には、数の子を合わせたい……！　ほんのり味のついた数の子。こりこりした食感を楽しみつつ、この日本酒を飲んでずーっと過ごしたい。

　和食はもちろんだけど、このお酒だと洋食も全般的に合うんだろうな～！　色々調べて合わせてみたい！

大西さんの朗読
動画はこちら☟

日本酒 DATA #36

都道府県：静岡県

酒　　蔵：初亀醸造（はつかめじょうぞう）

酒　　名：初亀 大吟醸純米 瓢月
（はつかめ だいぎんじょうじゅんまい ひょうげつ）

酒　　質：純米大吟醸

使 用 米：兵庫県特A地区東条山田錦

精米歩合：麹米40%、掛米50%

アルコール度数：15度

◎岩手県（あさ開）

≫青春を思い出す味わい

夏らしい青空が広がる季節になりましたが、いかがお過ごしでしょうか。もう7月も中旬。暑い日々が続いていますが、体調など大丈夫ですか？たくさん水分補給してくださいね。

お仕事へ行く時に電車で移動するんですけど、毎日家から駅までの道のり、電車を降りてから現場へ向かう道のりが暑すぎて……。

私は寒いのが苦手なので暑い方がまだ好きなんですけど、7月でこの暑さ。来月はどうなっているのでしょうか。自分が溶けていないか心配です。

最近は色んな暑さ対策のグッズが売っていますよね。手持ちの扇風機とか首に巻く冷たいタオルとか。皆様のおすすめの暑さ対策、ぜひ教えてほしいです！

さて、エッセイ第37回は岩手県です。岩手県！一度ＡＫＢ48 チーム8の全国ツアーでお邪魔したことがあります！

私にとって岩手といえば、わんこそばのイメージが強いです。といっても、私はチャレンジしたことはないんですけどね。皆様はわんこそば、チャレンジしたことありますか？

多く食べる方で１００杯ぐらいのイメージ。テレビなどで見てる分には、自分も１００杯食べられるんじゃないか！って思ったりするんですけど、実際、その場に行って体験してみると全然いけなかったりするもんですよね（笑）。

気になって少し調べてみると、男性の平均は60杯から80杯。女性の平均は30杯から60杯なんだそう。１００杯までの道のりはなかなか遠そうでした……いつかチャレンジしてみたいです！

今回飲んでみた日本酒は「あさ開蔵埠頭ＣＯＬＯＲ 本醸造」です。「蔵埠頭」で「くらふとう」って読むんですね！「蔵埠頭ＣＯＬＯＲ」というシリーズがあるみたいで、調べてみると全部で5種類あるようです。ラベルも様々な色や柄で素敵。今回飲む本醸造のラベルは、爽快さをイメージさせる青をメインカラーとし、酒質の「すっきり」「辛め」「キレ」を鋭角的なデザインで表しているそうです。

ちなみに、精米歩合が70％以下の米と麹に、醸造アルコールを添加した日

岩手県「あさ開」

本酒のことを、本醸造酒と言います。

味わいはすっきりとした軽快でキレのある辛口が特徴みたいです。

おちょこに注いで口元に近づけると、迫力のある力強い香り。

一口飲んでみると、舌の上に広がるピリッとした辛さ。でも程よい辛さで口当たりもいい。香りから感じた印象と、飲んだあとの印象の違いもいい。奥から感じる力強さは残っているけど、どこか繊細で。〝濃い青春〟って感じ。

青春って今になると、繊細さや儚さを感じるけど、当時の自分はそんなこと微塵も感じていなくて。何だか飲んでいて、そんなことを感じました。

この日本酒は、少し味付け濃いめの牛すじ煮込みといただきたいなあ。甘辛い牛すじ、あとは大根とコンニャクを入れて、それをあてに飲みたい。

他の4種類とも飲み比べてみたいです。

大西さんの朗読動画はこちら☞

日本酒DATA #37

都道府県：岩手県

酒　蔵：あさ開（あさびらき）

酒　名：あさ開 蔵埠頭COLOR 本醸造（あさびらき くらふとうからー ほんじょうぞう）

酒　質：本醸造

使用米：国産米

精米歩合：65%

アルコール度数：15度

◎岐阜県

（三千盛）

≫無駄のないスッキリとした大人な味わい

暑い日々が続き、クーラーなしには眠れないこの頃ですが、いかがお過ごしでしょうか。

本当に毎日暑いですね！　でもこの暑い季節だからこそ楽しめるものもたくさんありますよね。

日本酒のエッセイで他のお酒の話をするのもあれなんですが……。私、ビールが飲めないんです。私的には少し苦くて、まだビールのおいしさに気づけていなくて。でも、居酒屋さんでの「とりあえず生で！」の一言に憧れていて……！　だからいつか飲めるようになりたいな～と思って、周りの方に「ビールはいつから飲めるようになりましたか？」って聞いてみたんです。そうしたら大体の方が「暑い夏の日、喉が渇いた状態でビールをぐいっと飲むと飲めるようになる！」と答えてくれるんです。ええ～、本当なのかな～とまだ試してはいないので、今年の夏、検証してみたいな～。皆様はビール、お好きですか？

さて、エッセイ第38回は岐阜県です。

岐阜県には行ったことがないんです。けど岐阜県出身のお友達がいて。私の所属していたAKB48チームKに以前所属していた服部有菜ちゃんって子で、とっても仲のいいお友達です。この子が岐阜県出身なんですけど、地元に帰った時はよく「岐阜タンメン」を食べているイメージがありました。なので私は、岐阜＝岐阜タンメンの印象が強いです！　気になって調べてみると、名前は「岐阜タンメン」だけど発祥は愛知県だそうです！

さらに調べてみると、愛知県の屋台からスタートしたけど売上が伸びず、お隣の岐阜県に出店したところ行列ができるほどの人気店になったそうです！　岐阜の人達が応援してくれたタンメンをもっとたくさんの人に。全国から岐阜にお客様が来てくれるようになってほしい。そんな思いから「岐阜の人に感謝タンメン」を略して「岐阜タンメン」と名付けられたそうです！

岐阜県に岐阜タンメン食べに行きたい!!　有菜ちゃんにいつか連れてってもらおう♪

今回飲んでみた日本酒は「三千盛小仕込純米」です。

この日本酒はエレガントな吟醸香と

岐阜県「三千盛」

旨み、極上のクリアな後味とキレが特徴なんだそう。

　おちょこに注いで口元に近づけると、スッと抜けていくキリッとしたメロンの香り。なんだかこの感じの香り、少し懐かしさを感じます。私が日本酒を意識して飲み始めた頃に飲んだものも、このようなメロンの香りがしたんですよね。

　一口飲んでみると喉にキレを感じます。少し辛さも感じますが、奥に旨みと甘みもいる。淡麗な風味。なんだか無駄のないスッキリとした味。大人な味だ〜。

　今は常温でいただいていますが、私は冷たくして飲みたい！　雪冷え（5度）、花冷え（10度）辺りがいいな。私的には飲みやすくてついつい飲みすぎてしまいそう。

　この日本酒は、塩辛を載せたじゃがバターとかといただきたいな。和食にも洋食にも合うので、夕飯のお供としても飲みやすいと思います。でもなにかおつまみといただくなら……濃厚なじゃがバターにしょっからい塩辛を合わせて。

　どんどんお酒が進んでしまいますね。

大西さんの朗読動画はこちら☞

日本酒 DATA #38

都道府県：岐阜県
酒　　蔵：三千盛（みちさかり）
酒　　名：三千盛 小仕込純米
（みちさかり こじこみじゅんまい）
酒　　質：純米大吟醸
使 用 米：兵庫県産山田錦、秋田県産美山錦
精米歩合：麹米40%、掛米30%
アルコール度数：15度以上16度未満

◎茨城県

来福

≫スッキリさっぱり、花火大会の後の甘酸っぱさ

冷やしたスイカがおいしい季節になりましたが、いかがお過ごしでしょうか。

この時期外へ出ると暑くてたまりませんね。皆様は夏バテなど大丈夫でしょうか？

最近というかここ数日、この時期ならではのハマっていることができました。

お仕事へ行く途中、蝉がそこかしこで鳴いているけど、鳴き声だけ聞こえてなかなか姿を見ることができなくて……。なので鳴き声のする方向を見て、歩きながら鳴いている蝉を探すゲームです！

そう、決して立ち止まって探す訳ではなく、歩いている最中に探す。これがなかなか蝉を見つけられないんですよね～。人通りが多いところでよそ見しながら歩くのは危ないので、誰もいない道とかでやっています。皆様も良ければ……（笑）。

さて、エッセイ第39回は茨城県です。茨城県には何度かお仕事でお邪魔しています。その中でも一つ思い出があって……。

AKB48チーム8で全国ツアーを回っていた時の話なんですけど、茨城ツアーを終えて、楽屋に戻ると、ものすごく大きなお皿に納豆が大量に入っていて。自由にご飯にかけて食べていいよ～と、茨城県は納豆が有名なのでスタッフさんが用意してくださったんです！　あれは何人前の納豆だったんだろう……。私は納豆が好きなので確か3杯ぐらいおかわりした記憶があります（笑）。

納豆、茶色いお豆にお醤油や付属のタレをかけて食べるのも好きなんですけど、私はスーパーなどでも売っている、黒いお豆にわさびをつけて食べる納豆が大好きなんです！

東京のホテルに泊まって朝のバイキング会場に行った時に初めてその納豆と出会ってから、虜になってしまって……茨城に行くと黒い納豆もたくさんあったりするのかな？　また行ってみたいなあ！

今回飲んでみた日本酒は「来福　純米吟醸 夏の酒」です！　見た目が名前通り涼しげで夏らしい！　なんだか風鈴を思い浮かべます。

このお酒はシャクナゲの花酵母で醸した夏の純米吟醸酒で、スッキリした甘みと酸味の後、キレの良さが爽快な味わいが特徴なんだそう。

おちょこに注いで口元に近づけると、香りは少し控えめで、ほのかに甘いバナナのような香りを感じます。一口飲んでみると、ほんとだ！　スッキリしてる！　さっぱりめで少し辛口。くっとキレを感じます。今は常温で飲んでいるんですけど、これは冷やして飲むともっとおいしいんだろうな〜。

なんだか花火大会の後のよう。好きな人と二人で花火大会に行って甘酸っぱい気持ちになって。二人で肩を並べて、今日楽しかったねって言い合った後はバイバイして。帰り道、今日あったあんなことやこんなことを思い浮かべながらルンルンとしつつ、なんだかすっとスッキリした気持ちになって……。

この日本酒にはお漬物を合わせたいなあ。

キュウリ、白菜、大根。色んな夏野菜のお漬物と一緒に。最高です。

大西さんの朗読動画はこちら☞

日本酒 DATA #39

都道府県：茨城県
酒　　蔵：来福酒造（らいふくしゅぞう）
酒　　名：来福 純米吟醸 夏の酒
（らいふく じゅんまいぎんじょう なつのさけ）
酒　　質：純米吟醸
使 用 米：兵庫県産渡船
精米歩合：55%
アルコール度数：15度

◎鹿児島県（薩州正宗）

≫甘みも旨みも強い、濃厚な味わい！

新学期が始まりましたね！　いかがお過ごしでしょうか。

9月！　私が1年の中で一番好きな月がきました〜！　これから1か月よろしくね！　9月！

まだまだ暑いけど9月だし秋の話でもしようかな〜と思ったのですが、調べてみると今日9月2日は「宝くじの日」なんだそうです。「9」「2」で当て字で「くじ」だからなのかな？

宝くじといえば、私の中で思い出がありまして。昔住んでいた場所の近所にスーパーがあって、そこの駐車場の敷地に宝くじ売り場があったんです。母と兄の3人で夜ご飯の買い物をしに行くと、スクラッチをやりたい！　と兄と一緒にお願いし1枚ずつ買って、その場で10円玉で削って。たまに200円とか当たると、大喜びして楽しかった記憶があります。当たりはずれというよりも、あのスクラッチを削るのが大好きだったんですよね〜。懐かしい。

今このエッセイを書いているのは8月なんですけど、つい最近、宝くじ買ってみたんです！　サマージャンボ！　スクラッチじゃないやつ！

普段宝くじを一人で買ったりしたことなかったんですけど、お仕事が終わって次の現場に向かっている途中、拡声器で「販売明日までで終了です〜！」って言っている声が聞こえて。何だかそれに惹かれてしまって……（笑）。滅多に買うこともないしと思って少し奮発して買ってみちゃったので、結果が楽しみです♪

さて、エッセイ第40回は鹿児島県です。

鹿児島県は私の中ですごく印象に残っている県なんですよね。というのも高校生の頃に修学旅行で行ったのが九州だったんです。泊まったホテルが鹿児島県にあって、友達とお風呂に入ったりご飯を食べたりおしゃべりしたりと楽しく過ごして、部屋の明かりを消してふと窓の外を見た時、今までの人生の中で見たことのないぐらい、夜空が星一面に埋め尽くされていたんです。

暗いはずなのに明るくって。今でも鮮明にその光景を覚えているし、感動も覚えています。

なので、その日から鹿児島にもう一度星空を見に行きたいと口にするようになりました。

ファンの方にもこの話を何度かしたことがあるのですが、その中のおひとりが「九州の中でも鹿児島はよく星が見えるんだよ」って教えてくださいました。また絶対行きたい!!


今回飲んでみた日本酒は「清酒 薩州正宗 純米酒」です。

このお酒は仕込み水に地元いちき串木野の霊峰冠岳から汲み上げた天然水を使用していて、米のふくよかな香りと味わいが特長なんだそう。

おちょこに注いで口元に近づけると、深いお米の香り。香りだけでもお酒に飲み込まれそうな。一口飲んでみると、とっても濃厚。お米というお米を感じます。甘みも旨みもグンッとくる感じ。日本酒というより、米焼酎に近いような。なんだか今までにない味わいです。

久しぶりに濃厚な日本酒を飲んだ! これは熱燗にして飲んでもみたいし、冷やしても飲んでみたい! どっちも全く違う感じになっておいしそう。

この日本酒は、きっと味の濃いものでも負けずにいてくれると思います。味がしみしみのナスとオクラの揚げ出しとか、あさりのバター醤油炒めとかと合わせてみたい!

大西さんの朗読動画はこちら☞

日本酒DATA #40

都道府県：鹿児島県
酒　　蔵：薩摩金山蔵（さつまきんざんぐら）
酒　　名：清酒 薩州正宗 純米酒
（せいしゅ さっしゅうまさむね じゅんまいしゅ）
酒　　質：純米酒
使 用 米：国産米
精米歩合：70%
アルコール度数：15度

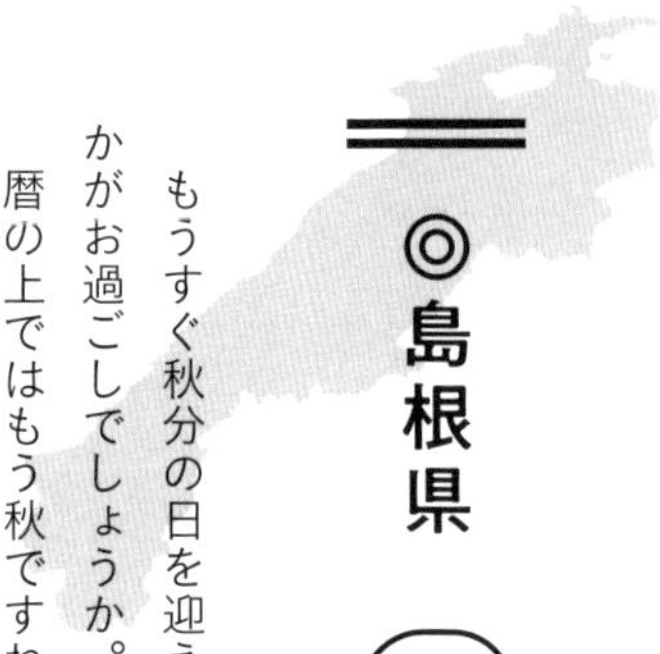

◎島根県（月山）

≫落ち着いた大人みたいなかっこいいお酒

もうすぐ秋分の日を迎えますが、いかがお過ごしでしょうか。

暦の上ではもう秋ですね。このエッセイを書いている今は台風が過ぎ少し涼しいのですが、これを読んでいる頃の天気はどうなっていますかね？

もし涼しくなっているのであれば、秋って感じがしていいですね〜！

ちなみに私、３日後の9月20日に26歳の誕生日を迎えます！　大人だ〜!!

自分が歳を重ねるにつれて、誕生日の重みが変わってきたりしますよね。子供の頃のお誕生日って１年で一番のイベントだった記憶なんですけど、なんだか今はその感覚も薄れているような気がしていて。なんなら「歳取るのやだな〜」とか思い始めたりもするんですけど、でもいくつになっても歳を重ねるってとっても素敵なことで、だからこそ誕生日にもっと感謝しなきゃな〜って思ったりします。今年もチョコレートケーキにしよ〜っと♪

さて、エッセイ第41回は島根県です。私、島根県行ったことないんですよね。でもなんだかすごく神聖な場所ってイメージを持っています。神様が集まるって聞いたことがあるからかな？実はすごく行ってみたい県でもあるんです！

有名な出雲大社も行ってみたいし、太皷《たいこ》谷《だに》稲成《いなり》神社って場所にも行ってみたい！　約１０００本の鳥居が参道に並んでいて、長いトンネルみたいになっているんです。写真で見てすごく綺麗で、ここを歩きたいな〜って。いつかのんびりできる時に行ってみたい！あと、出雲そば……、おいしそうすぎる。食べてみた〜い!!

今回飲んでみた日本酒は「月山　芳醇辛口純米」です。ラベルの紙の質感や金で描かれた月の絵と文字。シックでかっこいい！この左上の月の中に描かれている絵、島根で有名な場所だったりするんですかね？　とっても美しくてお部屋に飾っておきたくなっちゃう。

このお酒は芳醇な味わいとキレのある後口が特徴なんだそう。

おちょこに注いで口元に近づけると、香りは馴染みのあるお米の香り。香りからあまり甘みは感じず、深さを感じます。

島根県「月山」

　一口飲んでみると、スッと喉に抜けていく感じ。鼻にもスッと抜けるんだけど、香りが残る。辛口スッキリという感じだけどお米の旨みもしっかり感じられて。癖が少ないから色んなお料理に合いそう。

　うわー。なんかこういう人いいなあ。人というか、お酒なんだけど。なんだか大人で落ち着いていて、でもしっかり落とすところは落として、いい印象を残していく。かっこいい。この日本酒みたいな大人になりたいです。

　この日本酒には本当になんでも合うと思うけど、大好きな肉じゃがと合わせたいなあ。味の染みたホクホクのジャガイモと一緒に、くいっといきたい。

大西さんの朗読動画はこちら

日本酒 DATA #41

都道府県：島根県
酒　　蔵：吉田酒造（よしだしゅぞう）
酒　　名：月山 芳醇辛口純米
（がっさん ほうじゅんからくちじゅんまい）
酒　　質：純米酒
使 用 米：酒造好適米
精米歩合：70%
アルコール度数：15度

◎山梨県（七賢）

》口の中を突き抜けるように広がる旨みと酸味

おいしいものが目白押しの季節になりましたが、いかがお過ごしでしょうか。

２０２３年も残り2か月。もういくつ寝るとお正月〜♪は、まだちょっと早いですかね（笑）？

でもきっと気づいたらクリスマス、年末、お正月……って年を越していそう。あ！　でもその前にハロウィンがあるか！

そういえば無事9月20日に誕生日を迎え、26歳になりました！　26歳の大西桃香も、そしてこのエッセイも何卒よろしくお願いいたします。

さて、エッセイ第42回は山梨県です。

山梨県は、私にとって忘れられない思い出がある県で……。

AKB48チーム8の結成5周年記念コンサートが、山梨県の河口湖ステラシアターで行われたんです。で、コンサートの合間は富士急ハイランドに行ってミニライブだったり、ファンの方とアトラクションに乗る企画だったりがありまして。そう、私は絶叫マシンが苦手で、でも富士急ハイランドには難易度の高めなアトラクションが多い。スタッフさんに「絶叫マシン無理なんです！」とお願いはしたのですが、乗らざるを得ない形になってしまって……。

「トンデミーナ」という乗り物にファンの方と一緒に乗って、大号泣したのを今でも鮮明に思い出せます（笑）。ミニライブをした後には番組の企画で「高飛車」という、もう私にとっては信じられないぐらい怖いアトラクションに乗って……。その後にコンサート本番だったので、本番直前まで涙が止まらず……。この思い出は一生私の中で消えないと思っています（笑）。

今回飲んでみた日本酒は「七賢　空ノ彩」です。

なんとスパークリング！　好きなやつだ〜嬉しい！　このお酒は仕込み水の代わりに、七賢を代表する純米酒「風凛美山」を使って贅沢に仕込んでいて、奥深い旨みとフレッシュな酸味が特徴なんだそう。

このボトルを開けるところのハリガネ？　ぐるぐるして開けるの楽しい！　これ好きなんですよね。スパークリングだから開けた時のポン！　って音が

山梨県「七賢」

ちょっと大きくて、びっくりしちゃった（笑）！

　おちょこに注ぐと、しゅわしゅわ〜と溢れそう。口元に近づけるとしっかり日本酒のお米の香り。なんだか不思議な感じ。

　一口飲んでみると口の中を突き抜けるように広がる旨みと酸味。私は酸味の印象が最初に来ました。名前に「空」とついているだけあって空まで広がっていくような感覚。なんだか楽しい。泡感も相まって口の中も心も爽やかに。少し甘みも感じて可愛らしさもある。

　この日本酒にはなにかデザートを合わせたいなあ。ドッシリとしたなにか。普段あまりデザートを食べたりしないので難しいのですが、例えばチーズケーキであったりティラミスであったり、甘くて重みのあるデザートと合わせると、より弾けられそう。

大西さんの朗読動画はこちら☞

日本酒 DATA #42

都道府県：山梨県
酒　　蔵：山梨銘醸（やまなしめいじょう）
酒　　名：七賢 空ノ彩（しちけん そらのいろどり）
酒　　質：スパークリング
使 用 米：国産米
アルコール度数：12度

吟醸酒

吟醸酒

黒牛

黒牛

純米酒
黒牛
日本酒

大西桃香の日本酒Q&A #4

Q。お酒を飲めてよかったなあと思ったエピソードを教えてください

A. やっぱり、自分に余裕がない時はお酒が飲めなくて、余裕がある時はお酒を飲めるっていう。気分というか、その日に飲まなくても、「今日はお酒飲んでいい日だ！」って思うだけで、今自分自身心に余裕ができてるんだなって確認できるので、お酒が飲めるようになってよかったなあって思います。

Q。AKB48の活動で、一番の思い出は何ですか？

A. 思い出と言われると、全てになります。
約10年間、楽しい・嬉しい・悲しい・悔しい・苦しい、全ての感情の最上級を経験しました。AKB48に入っていなかったら今の考え方をする自分はいなかったし、AKB48に入る前よりも自分の思いに気づけるようになりました。私にとって、AKB48で起こった全ての経験が思い出です。

Q。ご卒業を決めたのはいつですか？できれば理由も教えてください

A. 2023年5月に入ってすぐです。
卒業を決めた理由はほんとに様々です。自分の活動歴や年齢のこと、今後の自分やAKB48のことを考えて、決めました。

Q。今後の夢を教えてください

A. AKB48の次の道で、自分が心からやりたいと思えることを見つけることです。

Q。ファンの皆さんへ一言お願いいたします！

A. いつも応援してくださっている皆様、本当にありがとうございます！　皆様がいてくださったおかげで、『47の素敵な日本酒』の書籍化も叶いました。皆様には感謝の気持ちでいっぱいです！
私はこれからも日本酒を嗜《たしな》んでいきたいと思いますので、皆様も是非 (^-^)／
本当にありがとうございました！

◎大分県（八鹿）

≫インパクトは強いのに癖がなく、ぐいぐい飲めちゃう

夏が過ぎ、しっかり肌寒くなってまいりましたが、いかがお過ごしでしょうか。

少し前まで、まだまだ暑い日が続くんだろうな～と思っていたのですが、急に寒くなりましたね！ もしかしたらまた暑い日が来るかもしれない……と、夏服をスタンバっていたのですが、もうこの先はずっと寒そうですね。秋服や冬服をそろそろ調達しなければ。

そうだ。きっとこのエッセイが上がっている頃にはもう発表されていると思いますが、私、大西桃香は、ずっと活動させていただいてきたAKB48を卒業することになりました。

この日本酒エッセイの連載が決まった時、どういうテーマでやっていくか。AKB48 チーム8という、各47都道府県から1人ずつメンバーを集めたチームに所属していたこともあり、せっかくなら47都道府県の日本酒のエッセイを書こう！ と決め、ここまでやってきました。

もうすぐで47都道府県制覇も近いです。

私の卒業が先なのか、このエッセイが先に終わるのか……意外とギリギリ分からないところですね（笑）。大西桃香も日本酒エッセイも、最後まで何卒よろしくお願いいたします！

さて、エッセイ第43回は大分県です。

私がずーっと行きたいと言い続けている県です！ 大分といえば温泉。温泉県ともいわれているぐらい、温泉が有名ですよね。確かに大分といえば？ と聞かれると、街中に湯けむりが立ち上がっている風景が浮かびます。

私は温泉が大好きなので、「旅行、どこ行きたい？」と聞かれると必ず候補に挙げる県の一つが大分県なんです。

2泊3日ぐらいで、お散歩しながら色んな温泉に入って、夜はおいしいご飯とお酒を嗜んでまた散歩して……めちゃくちゃ理想の旅行です！

食べ物は何が有名なんだろうと思い調べてみると、とり天が有名なんですね！ とり天ってそんなに食べたことがないかもしれない。唐揚げと何が違うんだろうと思いさらに調べてみると、衣にたくさんの卵を使ってサクッと揚げてあるのがとり天なんですって。写真を見比べてみると、唐揚げとは色も全然違う！ おいしそう！ 食べた

大分県「八鹿」

い!!

今回飲んでみた日本酒は「八鹿 純米大吟醸（金）」です。

まず初めに思ったのは「ビジュいい……」です（笑）。瓶は黒色なのかな？ 私が目で見た感じでは、遠くからは黒く見えるけど近くで見ると少し深い緑を感じる色で、そこにどっしり金色で描かれたお花。ラベルというか瓶に直接描かれているのが私的には珍しかったので、なんだかすごいかっこよく思いました！

このお酒はじんわり広がる米の旨みと、吟醸香よりも日本酒本来の旨みを極めた深くふくよかな味わいが特徴なんだそう。

おちょこに注いで口元に近づけると、割と軽くてスッと鼻を抜けるような感覚。抜けた後にお米の香りが印象に残ります。

一口飲んでみると最初はカッと感じるクリアな感じ。辛い！ とまではいかないけど辛口より。でもすぐに抜けていく。面白い。最初のインパクトは強いのに後に残らない。めっちゃ好きです。癖がなく、甘い日本酒が好みではない方におすすめしたい！ これはなんだか酔っ払っちゃうぐらいにぐいぐい飲めちゃうなあ。

この日本酒だと、どんな料理とも相性抜群だと思います。夜ご飯、野菜炒めとかとも全然いける。ちょっと塩胡椒を多めに振って、塩辛くしておいて、一緒にガツガツいきたいなあ。

大西さんの朗読動画はこちら☞

日本酒DATA #43

都道府県：大分県
酒　　蔵：八鹿酒造（やつしかしゅぞう）
酒　　名：八鹿 純米大吟醸（金）
（やつしか じゅんまいだいぎんじょう きん）
酒　　質：純米大吟醸
使 用 米：兵庫県産山田錦
精米歩合：40%
アルコール度数：17度

◎滋賀県

（笑四季）

≫初めての日本酒にもぴったりなフレッシュでジューシーな甘み

11月ですね！　紅葉の美しい季節になりましたが、いかがお過ごしでしょうか。

　このエッセイを書いている今は土砂降りの雨です。お仕事の空き時間、カフェに入って書き進めているのですが、窓の外を見てホットティーを飲みながらお仕事するのもいいですよね。

　室内から眺める窓の外の雨って、とってもいいですよね。雨の日に外に出るのは、濡れるしこの時期だと寒いし、ちょっと億劫になってしまうのですが、空から淡々と降ってくる雨、垂直に降ってくるのもあれば斜めから降ってくるのもあり、窓に落ちた雨が他の雨粒と一緒になって大きくなって落ちていくのを、なんだかずっと見ていられる。落ち着くというよりかは、なんだかちょっと嬉しいというか、そんな気分になります。いいおうち時間を過ごせてる〜って思える！　インドア派っていうのもあってそんな風に思うのかな？（笑）

　さて、エッセイ第44回は滋賀県です。関西だ〜！　滋賀県、東京に行く時は新幹線で毎回通ってたし、家族で何度か遊びに行ったこともありますし、全国ツアーでも滋賀県にお邪魔したこともあります。

　まだ奈良住まいで東京に通いでやっていた時、新幹線の窓から見る滋賀って冬だとものすごく雪が積もってるんですよね。「わ！　雪いっぱい積もってる、嬉しい！　降りたら遊びたい！」って思うんですけど、京都まで行って降りると全然積もってなくて、奈良に帰ると雪のゆの字も感じられない……。奈良も雪が降るには降るんですけど、私の住んでいたところはあんまり降らないし、降ったとて雪だるまやかまくらが作れるほど積もったりすることは滅多になくて。だからいつも冬の期間は、いいな〜って眺めながら新幹線で滋賀を通るのを楽しみにしていました。

　今回飲んでみた日本酒は「笑四季センセーション青ラベル火入」です。

　調べてみると、たくさんラベルの種類があるんですね。赤とか黒とかゴールドとか！　これはどれを選ぶのか迷う時間もワクワクしますね……。

　この日本酒はサラサラとした飲み心地。よく冷やして飲むと水に近いようなサラサラ感ですが、少し温度が上がるとジューシーな味わいを感じることができ、爽やかな甘みが広がるのが特徴なんだそう。

　おちょこに注いで口元に近づけると、柔らかく透き通るような香り。ふわふわで柔らかい、可愛らしい謙虚さを感じる。

　一口飲んでみると少しとろみを感じ、口の中が包まれるような感覚。優しい口当たりを感じたあと、フルーティでフレッシュ、そしてジューシーな甘み。私は常温でいただいたのですが、冷やして飲むと本当にごくごく飲めちゃいそう。日本酒が苦手な方や飲んだことのない方でも飲みやすいんじゃないかな？

　今はもう秋も深まってきたけど、夏の暑い時期の夜、お仕事のご褒美として冷やしたこの日本酒をくいっと飲みたいなあ。

　これは鶏肉をカリッと焼いて、味付けに麺つゆを使って、すだちとか大根おろしとか合わせたものと飲みたい……。最高だと思います。

大西さんの朗読動画はこちら☞

日本酒 DATA #44

都道府県：滋賀県
酒　　蔵：笑四季酒造（えみしきしゅぞう）
酒　　名：笑四季センセーション青ラベル火入（えみしきせんせーしょんあおらべるひいれ）
酒　　質：純米酒
使 用 米：滋賀県産酒造好適米
精米歩合：麹米50%、掛米50%
アルコール度数：15度

◎富山県（立山）

》甘すぎず、辛すぎず、しつこくなくて飲みやすい

11月も中旬。少しずつ冷え込んできましたが、いかがお過ごしでしょうか。

私、この間26歳になったのですが、人生で初めて〝あること〟をしたんです。それは「一人で飛行機に乗ること」！　今まで一人で移動する時はずっと電車か新幹線で、飛行機に乗るってなると必ず周りにスタッフさんやメンバーがいたので一人で飛行機に乗るのは初めてでした！

私は何故か飛行機に乗るまでの行動に苦手意識があって……。荷物を検査する時、何をカバンの外に出しておけばいいのかとか、飲み物は飲みかけでもいいのかとか、四角い金属探知機をくぐる時にピーッて音が鳴ったらどうしようとか（笑）。荷物検査が終わった後も、乗り場はどこだとか、どのタイミングで搭乗すればいいのかとか、第1ターミナル、第2ターミナル、第3ターミナルとはなんぞやとか。

今までは何も分からず周りの皆についていってばかりで。でも今回初めて一人で飛行機に乗って仕組みが分かって、今までみたいな苦手意識はすっかりなくなりました！

でも、マネージャーさんに色々聞いたりとか、空港で働いているお姉さんにどうすればいいか教えてもらったりとか、まだまだ周りの方に助けてもらってばかりだったので、次こそは一人で自信満々に乗ってみせる！

さて、エッセイ第45回は富山県です。

富山県は一度お仕事でお邪魔したことがあります！　5年前ぐらいかな？　AKB48チーム8の全国ツアーで行きました。

富山といえば私は海鮮のイメージがあります。調べてみるとホタルイカが有名なんですね！　ホタルイカって人生で食べたことあるのかな～？　と思い調べてみると、すごく綺麗な写真が出てきました！　青く光ってる！　綺麗！　イルミネーションみたく綺麗な青に発光するんですね。ホタルイカには発光器というものが付いているんだとか。

お寿司屋さんとかで食べたことある気がしてきた！　富山の特産品みたいなので、いつか富山に行って食べたいなあ。

今回飲んでみた日本酒は「本醸造立

山」です。

この日本酒は、ほのかな芳醇香、軽快な口当たりと淡麗な味わいの中にも、スッキリとした旨みが程良く、障りのない喉越しと後味でキリッとしまる辛口が特徴なんだそう。

おちょこに注いで口元に近づけると、少し優しめのいい香り。少し深い、そしていい意味で暗さを感じるような印象。好きな香りです。

一口飲んでみると、全体的にすごくバランスがいい！　甘すぎず、辛すぎず、しつこくなく飲みやすい。でもちゃんとお米を感じる。これ、日本酒初めての方におすすめしたいな〜！　全くくどさを感じない！

口にいい残り方をしてくれる。これは毎日飲んでも飽きないというか、飽きるという概念を感じなさそうとまで言えるぐらい、飲みやすいしおいしい！

この日本酒にはしいたけを焼いたものと合わせたい。味付けはバターとお醤油とニンニク。もう、考えただけで最高です。

少し味が濃くてこってりしているけど、しいたけの風味でしつこくならないあてと、きっと合うだろうなあ。

大西さんの朗読動画はこちら

日本酒DATA #45

都道府県：富山県
酒　　蔵：立山酒造（たてやましゅぞう）
酒　　名：本醸造立山（ほんじょうぞうたてやま）
酒　　質：本醸造
使用米：酒造好適米
精米歩合：麹米63%、掛米63%
アルコール度数：15度以上16度未満

◎宮崎県（千徳）

≫ピリッと引き締まる清涼感のある味わい

　今年もとうとう残りひと月。お変わりありませんか？

ん……？　前回のエッセイ45回でしたよね？　ということは今回が46回。ということは……！

　なんと次回が大西桃香日本酒エッセイ最終回ですね！　是非是非良ければ最後までお付き合いくださいませ！

　それにしても1年が過ぎるのはあっという間ですね。毎年この話をしている気がする（笑）。でも、なんだか早く感じるのも嬉しく思うんですよね、ここ最近。

　昔は1年が過ぎるのがすごく遅く感じて。だから出会いと別れの春、楽しい夏、大好きな秋、みんなで暖まれる冬、その季節ごとのイベントや、自分のお誕生日や家族やお友達のお誕生日が待ち遠しくてウズウズしてたけど、最近はあっという間だから楽しみがなんだか凝縮されているようで。もちろん、昔は昔で待った分の楽しさとか嬉しさもあったけど、今は今で「え!?もう!?」って。なんだか楽しみが早く来てラッキーな感じがする！

　ちょっと早いけど２０２４年も良い1年を過ごせますように。


　さて、エッセイ第46回は宮崎県です。

「どげんかせんといかん」ですよね。宮崎県といえば、この東国原《ひがしこくばる》さんの名言が最初に思い浮かびました。あとはマンゴー！

　私、昔マンゴーが苦手だったんです。というのも、私が小学生低学年の頃、あるお店に母と行った時そこのお店の方がマンゴーゼリーをサービスしてくださって、人生初のマンゴーゼリーを食べたのですが、それがその頃の私にとっては量が多くて……。残さないように一生懸命食べたのですが、少しだけトラウマのようになってしまって……。多分「おいしい！」より「お腹苦しい！」の方が印象に残ってしまったんですかね（笑）。

　大人になるまでマンゴーを食べられずにいたのですが、1st写真集の撮影でセブ島に行って、食事の時マンゴーが出てきて。苦手意識はあったのですが食べてみるともうめちゃくちゃおいしくて。そこからは私の中でトップ5に入るぐらい大好きな果物になりました！　宮崎県のマンゴーも食べたことがあるのですが、上質でトロトロで味

宮崎県「千徳」

もしっかりしていて最高においしかったです。また食べたいなあ。

今回飲んでみた日本酒は「千徳 原酒」です。

アルコール度数は19・5度と少し高めですね。こちらの日本酒は加水調整を行わないため、酒本来の濃醇な味わいが楽しめるそうです。

おちょこに注いで口元に近づけると、スッと抜けるお米の香り。これまで飲んできた日本酒に比べると香りが強く感じられない。今までで一番清涼感があるというか、そんな感じがします。

一口飲んでみると、ピリッと引き締まる感じ。キレがいい。味も香りと同様、清涼感がある。お米の存在も感じるけど、しつこさが全くなくて、すっごくすっごく飲みやすい!! なんだか今までの日本酒と少し違う。これも加水調整をしていないからこその味わいなのかな? うわ〜私、この日本酒めちゃくちゃ好きです。これは日本酒好きな方におすすめしたくなる。

この日本酒はお寿司と合わせたい。お刺身は日本酒のあての定番だと思いますが、酢飯もプラスしてお寿司がいい!

お寿司は自分の中でトップ5に入る好きな食べ物です! そして私は基本、ご飯にはお水かお茶を合わせたい派の人間です。そのお寿司にも合わせたいと思えるぐらい、合うことが想像できる! さっぱりとしたお寿司と、それをきっと最大限に引き出してくれる日本酒。いいですね。

大西さんの朗読動画はこちら

日本酒 DATA #46

都道府県：宮崎県
酒　　蔵：千徳酒造（せんとくしゅぞう）
酒　　名：千徳 原酒（せんとく げんしゅ）
酒　　質：原酒
使 用 米：宮崎県産米
精米歩合：70〜75%
アルコール度数：19.2度

◎沖縄県（黎明）

》日本最南端の清酒は、まろやかでどっしりとした貫禄

２０２３年もうすぐで終わりです。皆様にとって２０２３年はどんな１年だったでしょうか？

私は今年、色んなお仕事をさせてもらってすごく充実できたな〜と満足しています。ＡＫＢ48としてのアイドルのお仕事。今年は所属しているチーム8の活動休止コンサートもあったなぁ。自分にとっての集大成をお見せできたし、武道館でのコンサートも楽しかった！　劇場公演にもたくさん立たせてもらえたし、他にもロケだったり歌番組だったり、たくさん楽しいことがありました！　舞台に立って演技をしたり、朗読劇に出たり、写真集も出すことができたり、卒業発表も無事に終わったし……。

プライベートでは遊園地に行ったり、今までは時間がなくてなかなか行けなかったメンバーとのご飯にも、今年はちょくちょく行けたし！　お仕事やプライベート含め、全体的に花丸でした。

来年はまたガラッと環境が変わりますが、どんな１年を過ごせるのかなぁ？　変わらず充実した１年になりますように。

さて、エッセイ第47回は沖縄県です。

みんな大好き沖縄県ですね！　お仕事では何度か行ったことあるのですが、プライベートではないんですよね。昔、コンサートの演出で沖縄の伝統芸能のエイサーを踊ったことあるなぁ。懐かしい（笑）。

沖縄といえば、青い海！　青い空！　夏のイメージがあります。今は冬ですが、冬の沖縄ってどのぐらいの寒さなんだろうと思い調べてみると、１月の平均気温が17度なんですって。あったか!!　ただ、海から北風が吹き込んでくるので、実際の気温よりは寒く感じるんだとか。

あとは、方言のイメージも強い！

さて、ここで皆様に問題を出してみたいと思います。これはなんて意味でしょうか。

「めんそーれ」

これはよく聞きますよね！　正解は、「いらっしゃいませ」だそうです！　私、こんにちは〜とかそういう挨拶だと思ってました！

あともう１問だけ！

「わっさいびーん」

なんだか響きが面白い（笑）。こち

らの正解は……「ごめんなさい」でした！ なんで！ ごめんなさいの面影もない！

今回飲んでみた日本酒は「清酒 本醸造 黎明」です。沖縄県唯一の蔵元、泰石酒造さんが作る、日本最南端の清酒です。

このお酒はコクがありながらも辛口の仕立てが特徴なんだそうです。

おちょこに注いで口元に近づけると、少し優しくて穏やかな香り。一口飲んでみると私は少し重めに感じました。The日本酒というまろやかでどっしりとした印象です。キリッとした辛さもあり、渋みもあり、なんだか貫禄を感じます……！

あぐらをかいて腕組みをして、背筋伸ばして飲みたくなるなあ……。これを飲んでる間は強くなれそうな気がする（笑）！

これはシンプルにおでんを合わせて飲みたいなあ。

この日本酒は冷やして。冷たくした黎明と、あったかくて味の染み込んだ大根、たまご、ちくわぶ……合うだろうなあ。

ということで！ 47都道府県の日本酒制覇〜っ！！！！！ 皆様、気になるお酒はありましたでしょうか。是非このエッセイを参考に、日本酒を楽しんでいただけたら嬉しいです。

大西さんの朗読動画はこちら☞

日本酒 DATA #47

都道府県：沖縄県

酒　蔵：泰石酒造（たいこくしゅぞう）

酒　名：清酒 本醸造 黎明
（せいしゅ ほんじょうぞう れいめい）

酒　質：本醸造

使用米：国産米

精米歩合：70%

アルコール度数：15.5度

おわりに

幻冬舎plusで連載していた日本酒エッセイは、おかげさまで書籍になりました！

最初は、居酒屋で日本酒を飲んでみたらすごくおいしくて、「私、日本酒好きかもしれない〜」というところから日本酒に興味を持ち、私の好きなことをテーマにということで、47都道府県の日本酒を全部飲んでエッセイを書くことになりました。

自分に日本酒の味がしっかりわかるのかなとか、そもそもエッセイを書いたこともなかったし、私は思ったことを言葉にするのが苦手なので、皆様にわかりやすく味を伝えられるのかなとか。不安もありながらのスタートでした。

でも、こうして日本各地の日本酒を飲ませていただけたり、日本酒についてファンの方とお話しできたり、「このエッセイをきっかけに初めて日本酒飲んだよ〜」っていうファンの方がいてくださったり。嬉しいことがたくさんありました。

私自身も少しは日本酒に詳しくなれた！　気がします（笑）！

この日本酒エッセイで、皆様と〝笑顔の輪〟を作れたことが、とっても嬉しかったです。

大西桃香　日本酒エッセイ「47の素敵な日本酒」。

約2年間の連載、そして書籍化でも、お世話になりました。

最後まで読んでいただき、ありがとうございました！

大西桃香

黒牛

夏吟

ど辛

空

久保田

天狗舞

秋水

燦爛

47の素敵な日本酒

47の素敵な日本酒

2024年2月5日 第1刷発行

著　者　AKB48　大西桃香

発行人　見城 徹
編集人　菊地朱雅子
編集者　黒川美聡

発行所　株式会社 幻冬舎
〒151-0051 東京都渋谷区千駄ヶ谷4-9-7
電話：03(5411)6211(編集)
03(5411)6222(営業)
公式HP：https://www.gentosha.co.jp/

印刷・製本所　図書印刷株式会社

検印廃止

Printed in Japan ISBN978-4-344-04230-8 C0095

この本に関するご意見・ご感想は、下記アンケートフォームからお寄せください。
https://www.gentosha.co.jp/e/

撮影
藤本和典(カバー、P1-8、10-11、140-141)
Sasaki Nobuyuki、藤藪悠記
(P34-40、58-64、90-96、122-128、142-143)

ヘアメイク
听 絵美子(カバー、P1-8、10-11、140-141)

ブックデザイン
小川順子、山﨑健太郎、中野 潤(NO DESIGN)

マネージメント
臼井麻弥子(アリゲーター)

撮影協力
酒の大桝 雷門店

本書は2021年11月〜2023年12月、幻冬舎plusに連載された「NiHonShu47 47の素敵な日本酒」を、加筆・修正したものです。

大西桃香(おおにし・ももか)
1997年9月20日生まれ。2014年、AKB48 Team8全国一斉オーディションに奈良県代表として合格。2017年より奈良市観光大使を務める。